MC BASIC Measurement & Control
計測器 BASIC

動作原理から正しい使い方と物理量の正確な測定方法まで

改訂新版
テスタとディジタル・マルチメータの使い方

金沢 敏保・藤原 章雄 共著

CQ出版社

はじめに

　私たちは日常，たくさんの電気器具を使っています．衣食住はもちろんのこと，仕事にしろ娯楽にしろ，何らかの形で電気とつながっており，現在では電気のない生活などとても考えられません．

　ところで，電気器具が不調になった場合には必ず電気的な故障の原因があり，電圧・電流・抵抗などの値が適正ではなくなります．これらの電気的な故障の原因との関連を調べるために，テスタ(回路計)が便利な道具として普及しています．

　しかし，テスタに限らず測定器を使用するには正しい測定方法を知ることはもちろんのこと，測定器の構造や機能を十分に知っておく必要があります．測定方法をまちがえれば，測定が不正確になるばかりか，測定器や測定対象を壊したり，場合によっては人身事故につながる恐れもあります．

　そのような危険性を防ぐためにも，本書ではテスタを使用される方々を対象に，テスタの構造や測定原理，テスタの安全な使用方法，実際の回路での測定などについて順次説明しました．さらに後半では，パソコンと連携した測定など，テスタの新しい可能性も紹介しました．

　本書は，1971年10月に発行された，「テスタの100％活用法」をもとにしています．この本は，発行以来テスタの動作原理や測定方法などについての説明には大きな変化はありませんが，ディジタル・マルチメータ，クランプ・メータ，絶縁抵抗計といった内容を盛り込みながら改訂が加えられてきました．今回は，基本的な解説は前著を踏襲しながら，現状に合わせて内容を一新しました．できるだけわかりやすく説明したつもりですが，著者らの気づかぬ不十分なところもあると思います．この点につきましては，読者のご批評を賜りたいと思います．

　最後に，本書の執筆にあたり，CQ出版社ならびに三和電気計器株式会社各位のご協力をいただきました．心より感謝申し上げます．

2005年10月　金沢敏保／藤原章雄

目　次

はじめに ··· 3

第1章 アナログ・テスタの動作原理 ····················· 9

1.1　電磁力 ··· 9
1.2　可動コイル型メータの原理 ························· 11
1.3　可動コイル型メータの構造 ························· 14
1.4　テスタについての参考資料 ························· 16

第2章 アナログ・テスタの測定原理 ····················· 20

2.1　テスタについて ····································· 20
2.2　アナログ・テスタの構造 ··························· 22
2.3　直流電流計 ··· 28
2.4　直流電圧計 ··· 30
2.5　交流電圧計 ··· 32
2.6　抵抗計 ··· 36
2.7　パネルおよびスケール板の表示記号 ············· 38
2.8　スケールの読み取り方 ····························· 40

第3章 ディジタル・マルチメータの動作原理 ·········· 42

3.1　ディジタル表示について ··························· 42
3.2　OPアンプの基本回路 ······························ 43
3.3　A-D変換方式 ······································· 46
3.4　カウンタ ··· 49

3.5　デコーダと表示器・・・・・・・・・・・・・・・・・・・・・・・・・・・・・・・・・51
3.6　ディジタル・マルチメータの特徴・・・・・・・・・・・・・・・・・・・・・52
3.7　ディジタル・マルチメータの種類と測定範囲・・・・・・・・・・・・53
3.8　表示と用語の説明・・・・・・・・・・・・・・・・・・・・・・・・・・・・・・・・・56
3.9　ディジタル・マルチメータの部品と構成・・・・・・・・・・・・・・・60

第4章 ディジタル・マルチメータの測定原理・・・・・・・・・・61

4.1　直流電圧(DC V)の測定・・・・・・・・・・・・・・・・・・・・・・・・・・・・61
4.2　直流電流(DC mA)の測定・・・・・・・・・・・・・・・・・・・・・・・・・63
4.3　交流電圧(AC V)の測定・・・・・・・・・・・・・・・・・・・・・・・・・・・・63
4.4　交流電流(AC A)の測定・・・・・・・・・・・・・・・・・・・・・・・・・・・64
4.5　抵抗(Ω)の測定・・・・・・・・・・・・・・・・・・・・・・・・・・・・・・・・・・・65
4.6　周波数(Hz)の測定・・・・・・・・・・・・・・・・・・・・・・・・・・・・・・・・67
4.7　コンデンサの測定・・・・・・・・・・・・・・・・・・・・・・・・・・・・・・・・・67
4.8　熱電対温度の測定・・・・・・・・・・・・・・・・・・・・・・・・・・・・・・・・・68
4.9　回路の保護と電源・・・・・・・・・・・・・・・・・・・・・・・・・・・・・・・・・68
4.10　ディジタル・マルチメータの回路例・・・・・・・・・・・・・・・・・・69
4.11　取り扱い方の注意・・・・・・・・・・・・・・・・・・・・・・・・・・・・・・・・70

第5章 テスタ/ディジタル・マルチメータの上手な使い方・・・72

5.1　テスタの測定手順・・・・・・・・・・・・・・・・・・・・・・・・・・・・・・・・・72
5.2　テスタ/ディジタル・マルチメータの使用上の注意・・・・・・・・・・72

第6章 物理量の測定方法・・・・・・・・・・・・・・・・・・・・・・・・・・・・76

6.1　直流電流の測定・・・・・・・・・・・・・・・・・・・・・・・・・・・・・・・・・・・76
6.2　交流電流の測定・・・・・・・・・・・・・・・・・・・・・・・・・・・・・・・・・・・79

6.3　直流電圧の測定 …………………………………………80
6.4　交流電圧の測定…………………………………………85
6.5　抵抗の測定………………………………………………87
6.6　デバイスの良否判定……………………………………93
6.7　インピーダンスの測定 …………………………………100
6.8　インダクタンスの測定 …………………………………103
6.9　静電容量の測定…………………………………………104
6.10　低周波出力の測定………………………………………106
6.11　高電圧の測定……………………………………………110
6.12　温度の測定………………………………………………112
6.13　バッテリ・チェック……………………………………113

第7章 いろいろな回路を測定してみる ……………116

7.1　ラジオ/テレビなどの回路図中の電圧について …………116
7.2　テスタの内部抵抗と指示値 ………………………………116
7.3　便利なローパワー・オーム・レンジでの抵抗測定 ………116
7.4　平滑回路のリプル含有率の測定 …………………………117
7.5　テレビ画面の風や振動による乱れ ………………………118
7.6　テスタのAC Vレンジの整流回路とその指示 ……………119
7.7　パルス電圧と過負荷 ………………………………………121
7.8　ビニール・コードの静電容量と電圧計の指示 ……………122
7.9　対地電圧の測定……………………………………………123
7.10　液体(電解液)の抵抗測定…………………………………124
7.11　OPアンプ回路の電圧測定 ………………………………125

第8章 パソコンと連携した使い方 ……………………128

8.1　PC Linkの概要……………………………………………128

8.2　PC Linkの基本的な使い方 ……………………………………131
8.3　KB-LANの使い方 ………………………………………………134
8.4　PC Linkの使用例——温度センサ ……………………………136
8.5　コンパレータ機能を使う ………………………………………138
8.6　メモリに取り込んだデータの転送 ……………………………139

第9章　テスタ購入時のアドバイスと特殊なテスタ ……… 140

9.1　テスタ購入時のアドバイス ……………………………………140
9.2　テスタの故障 ……………………………………………………141
9.3　特殊なテスタ ……………………………………………………142

索　引 ……………………………………………………………151

第1章
アナログ・テスタの動作原理

　電気は目に見えません．また，電気の電圧や電流も目に見えません．目には見えなくても，電気は電灯をつけたり，テレビやラジオを働かせてくれます．そのほかにも，モータを回したり，コンピュータを動作させるなど，すばらしい働きをしてくれます．このすばらしい働きをしてくれる電気の流れを見るには，どうすればよいのでしょうか．

　電気の流れは，本書で解説するテスタで見ることができます．テスタは，表示方法の違いにより，図1.1に示すような指針表示式のアナログ・テスタと，数字表示式のディジタル・マルチメータとに分類されます．本章では，アナログ・テスタの動作原理について説明します．

1.1　電磁力

● クーロンの法則

　磁石は，鉄やニッケル片を引きつけます．また，磁石のN極に別の磁石のN極を近づけると反発し，S極を近づけると引っぱり合うことはよく知られています．この磁石間に働く力には，次のクーロンの法則があります．

　「二つの磁極間に働く力の大きさは，二つの磁石の強さの積に比例し，磁極間の距離の2乗に反比例する」

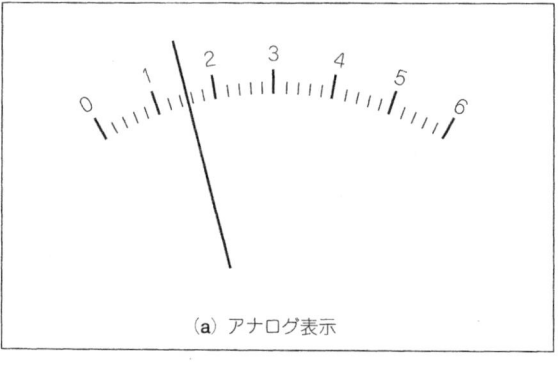
(a) アナログ表示

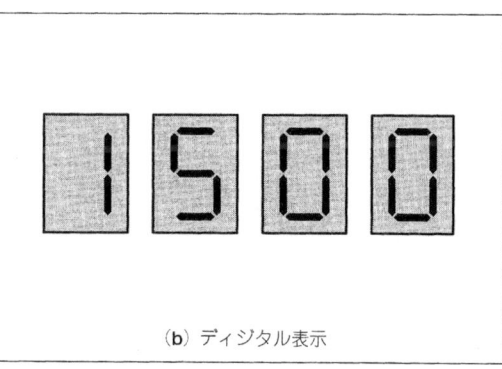
(b) ディジタル表示

図1.1　アナログ・テスタとディジタル・マルチメータ

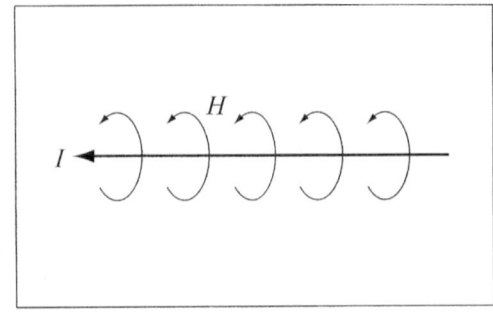
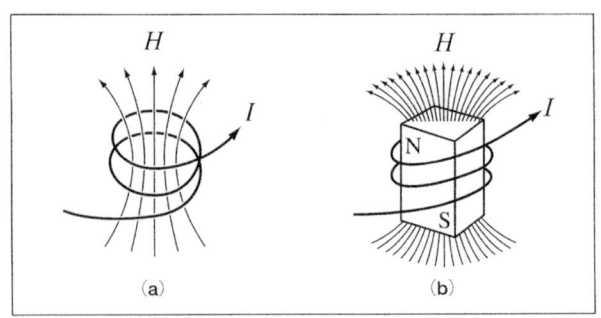

図1.2 電流の磁気作用　　　　　図1.3 電磁石

● 電流の磁気作用

図1.2に示すような直線導体で，矢印の方向に電流 I を流すと，この導体のまわりには H の方向に磁力線（磁界）が生じます．

次に，この直線導体を図1.3(a)のようにコイルにすると，導体周辺の磁力線は狭い範囲に集束され強くなります．このコイルに，同図(b)のように鉄心を入れるとさらに強くなります．これがいわゆる電磁石で，コイルの巻数が多いほど強力になります．なお，電磁石の極性は，磁力線の出る方向がN極です．

● 電磁力

電流の流れている導体は一つの磁石を形成し，その導体と別の永久磁石との間にもクーロンの法則にしたがった吸引力，または反発力が生じます．この力を電磁力といいます．

永久磁石の強さが一定であれば，電磁力は導体に流れる電流の大きさに正比例した値となります．可動コイル型のテスタは，この原理を応用しています．さらに，電流を流した二つの導体間にも電磁力を生じます．これが電流力型テスタの原理です．

● フレミングの左手の法則

磁界中に置かれた電流の流れている導体に働く力，すなわち電磁力の方向を知るには，フレミングの左手の法則を使います．

図1.4(a)のように，左手の中指，人さし指，親指を互いに直角に開き，中指を電流 I の方向，人さし指を磁界（磁力線）H の方向に向ければ，親指の指す方向が電磁力 F の方向になります．

中指から親指の方向に，順に「電・磁・力」とすれば簡単に覚えられます．なお，"フレミングの左手の法則"に対して"フレミングの右手の法則"があります．こちらは誘起起電力に関する法則ですから，まちがえないよう注意してください．

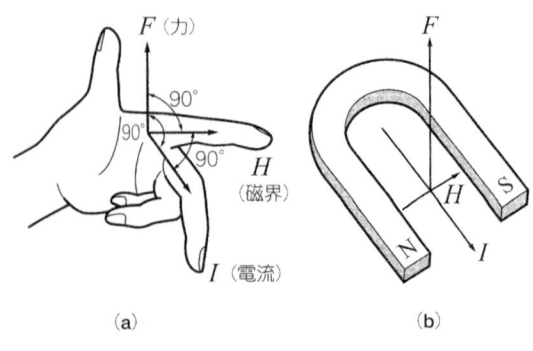

図1.4 フレミングの左手の法則

1.2 可動コイル型メータの原理

● メータの分類

　メータは，電気的量(電圧，電流など)を機械的量に変換する装置です．その変換方法(動作原理)によって，分類されています．

　多少の差はありますが，大部分のメータは電磁力を利用したもの，またはそれと付属装置を組み合わせたものとなっています．アナログ・テスタに使われるメータは，可動コイル型メータに限られています．ここでは，可動コイル型メータについて詳しく説明します．参考として，動作原理で分類したメータの一覧表を表1.1に示します．

表1.1　メータの種類と動作原理

種　類	記　号	主　用　途	動　作　原　理
可動コイル型		直流電流計 直流電圧計	永久磁石の磁界と可動コイルに流れる電流との電磁力
電流力計型		交直流電流計 交直流電圧計 交直流電力計	固定コイルの磁界と可動コイルに流れる電流との電磁力
静　電　型		交直流電圧計	電極間に働く静電気力
熱　電　型		交直流電流計 交直流電圧計	熱電対と可動コイル型メータの組み合わせ
可動鉄片型		交流電流計 交流電圧計	固定コイルの磁界と可動鉄片に働く電磁力，または磁界内の鉄片相互の反発，吸引力
誘　導　型		交流電圧計 交流積算電力計	回転磁界(または移動磁界)と，それによって回転金属板に生じる過電流との電磁力
整流器型		交流電圧計 交流電流計	整流器と可動コイル型メータの組み合わせ

● 可動コイル型メータの原理

　図1.5は，可動コイル型メータの動作原理図です．磁界中に置かれたコイルに電流を流すと，電磁力が発生します．これにフレミングの左手の法則をあてはめて，コイルの各点についてこの電磁力の方向を調べます．

可動コイルの上側および下側に流れる電流の方向は，磁界の方向と同じか，その逆であるため電磁力が発生しません．しかし，コイルの左右に生じる力はF, F'と，軸を中心に反対方向に働くため，打ち消し合うことなくコイルの軸を中心に回転力（回転トルク）として働きます．
　したがって，コイルを軸受で支えて回転できるようにしておき，図に示すように制御バネがないものと考えれば，永久磁石による磁界とコイルによる磁界の方向が，正反対になる位置まで回転して止まります．
　このような構造のメータは，原理上180°まで回転するはずですが，実際には構造や指示特性などの要因により，100°前後しか回転しないのが普通です．
　なお，特殊な構造で270°まで回転が可能な広角度型のメータもありますが，現在では使われていません．
　以上のような構造のメータでは，コイルの止まる位置は電流の大きさに無関係に一定ですから，電流値を求めることはできません．そこで，コイル軸に制御バネを取り付け，回転力の大きさ（電流の大きさ）によりコイルの停止位置がずれるようにします．電流の大きさによってコイル（指針）の停止位置がずれますから，あらかじめ値のわかっている電流によって停止位置を目盛っておく（目盛の較正）ことで，その目盛（スケール）を利用して未知電流の測定が行えます．

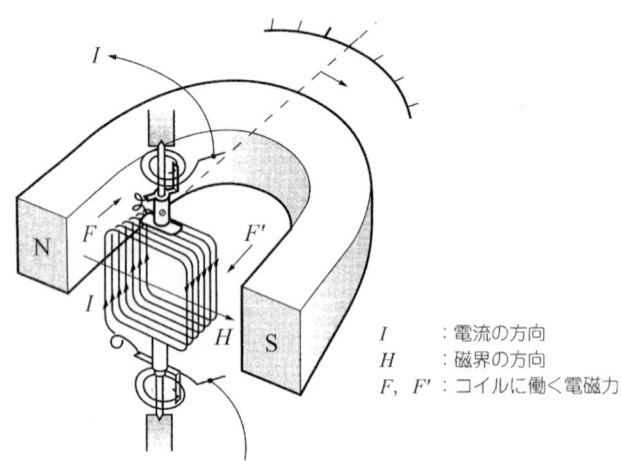

図1.5　可動コイル型メータの動作原理

I　：電流の方向
H　：磁界の方向
F, F'：コイルに働く電磁力

　図1.6のような構造の可動コイル型メータでは，"コイルの回転角度はコイルに流れる電流の大きさに正比例する"という関係があります．そのため，目盛の間隔は図1.7(a)のような一様な平等目盛となります．なお，可動鉄片型メータの目盛は，同図(b)のような不平等目盛となります．

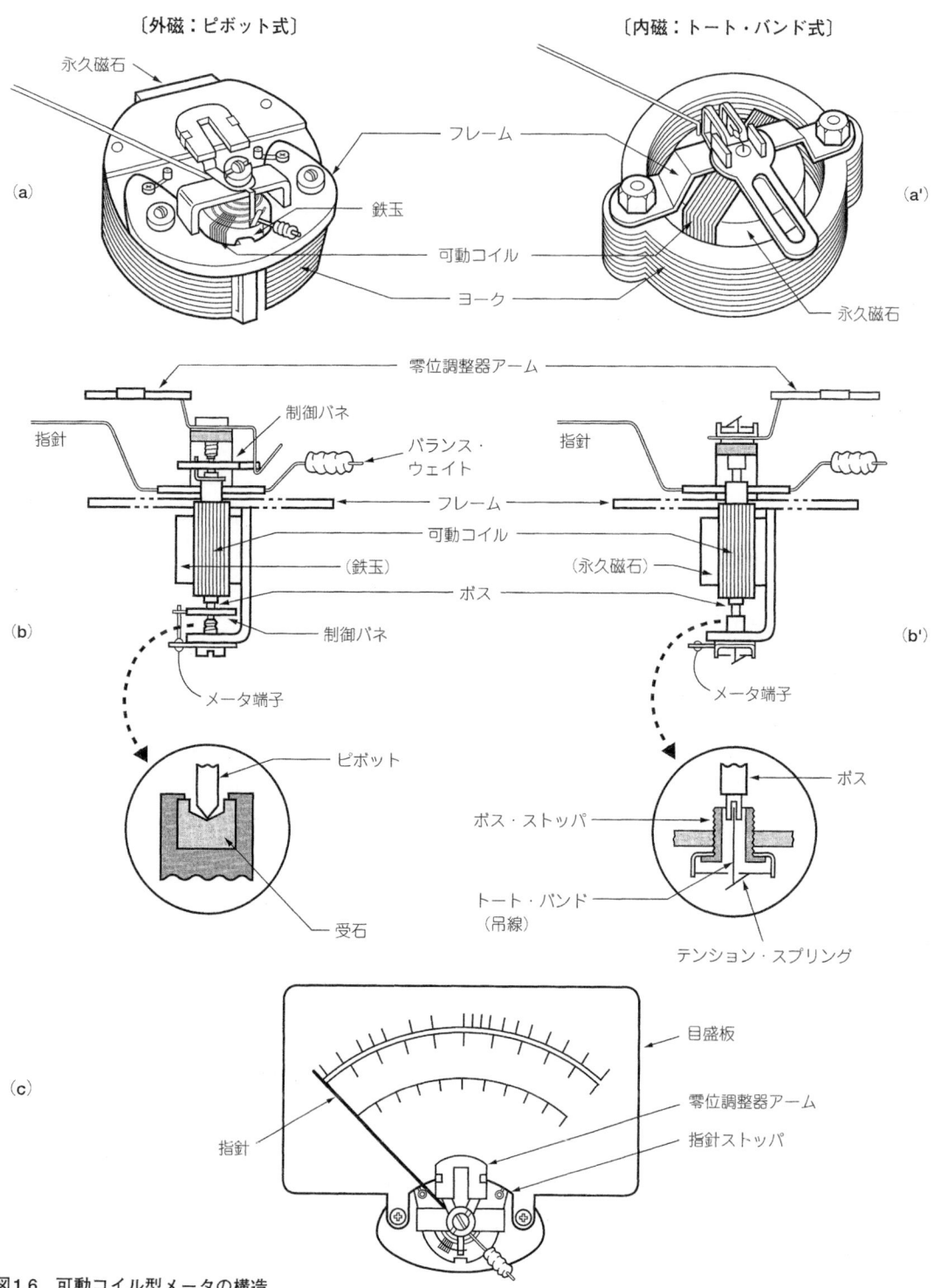

図1.6　可動コイル型メータの構造

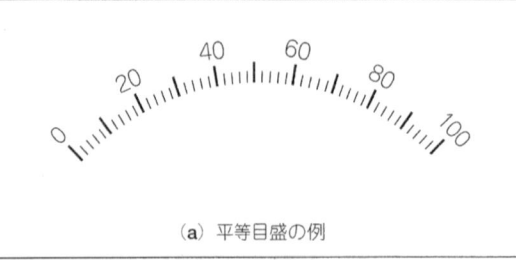
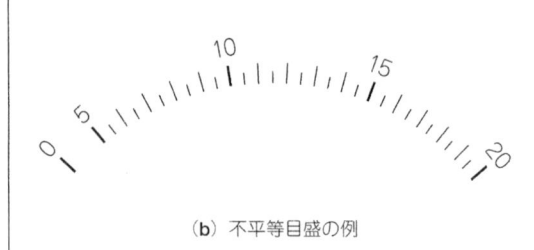

(a) 平等目盛の例　　　　(b) 不平等目盛の例

図1.7　目盛(スケール)の種類

● 可動コイル型メータの主な特徴
可動コイル型メータには，次のような特徴があります．
(1) きわめて高感度のメータができる．
(2) 目盛間隔が一定(平等目盛)であるため，指示が読み取りやすい．
(3) コイルに流れる電流の平均値を指示する．
(4) 外部磁界による影響が少ない(特に内磁型のメータの場合)．
(5) 確度が高い．

1.3　可動コイル型メータの構造

● 構造
メータの構造は，図1.6(a)〜(c)に示すように，三つの部分に分けられます．(a)と(a')は磁気回路，(b)と(b')が電磁力により回転する部分(可動部)，(c)が指示を読み取る部分(目盛板)です．

● 構成部品の働き
(1) 永久磁石(マグネット)

図1.6(a)，(a')の部分では希土類やアルニコ系の磁石が使われており，磁力が強く，形状が大きいほど高感度のメータができます．これは，ヨークと組んで電磁力を発生させるための磁界を作りますが，構造上，外磁型と内磁型に分けられます．外磁型のメータは可動コイルの外側に，内磁型のメータは可動コイルの内側に，それぞれ永久磁石があります．

前者は外部磁界や近くにある磁性体の影響を受けやすい欠点があり，形も大型になります．また，後者は外部磁界などの影響をほとんど受けず，大きさも比較的小型にできます．この結果，ほとんどのテスタでは，内磁型メータを採用しています．

(2) ヨーク

図1.6(a)，(a')および図1.8に示すように，厚さ1mm程度の軟鉄板を円筒状に丸めたり，数枚を円筒状に積み重ねたもので，永久磁石で発生した磁力線を有効に，しかもコイルの回転角に対し平等に分布させます．

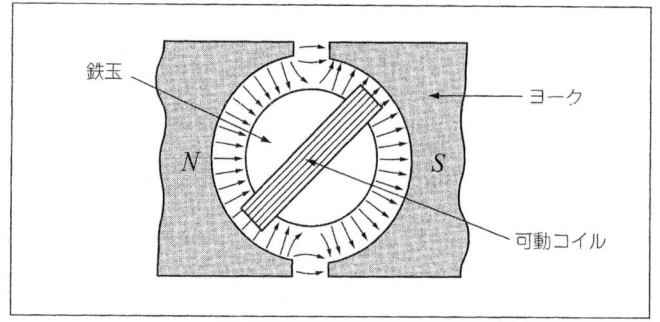

図1.8 磁力線の分布(外磁型の場合)

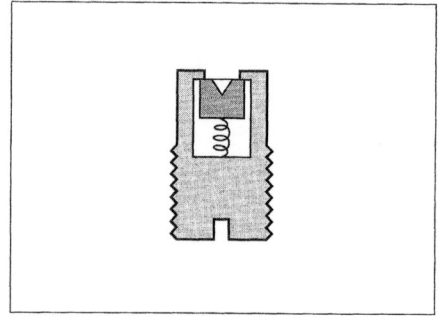

図1.9 受石(断面図)

(3) 可動コイル

図1.6(b),(b')に示すように,アルミニウムなどの枠に直径0.03 mm前後の極めて細いポリウレタン銅線を数百回も巻いたものです.測定電流がこのコイルに流れると,永久磁石の磁界との間に電磁力(回転力)が発生します.なお,このコイルの上下にはボスが接着されており,ピボット式ではピボットと指針および制御バネが,トート・バンド式ではトート・バンドと指針が,それぞれ取り付けられています.

(4) 制御バネ

燐青銅などのリボン状の非磁性バネ材を数回うず巻状に巻いたもので,可動コイルの上下に一つずつ取り付けられています.測定する電流を可動コイルに導くとともに,回転角度に比例した制御トルクを生じ,可動コイルを電流の大きさに正比例した位置に止める働きをします(ピボット式メータ).

(5) ピボット

コイルの上と下の中心についている炭素鋼などの非常に固い合金で作られた軸で,先端は摩擦を少なくして可動部がスムーズに回転できるように鋭く磨かれています.このピボットはサファイヤなどの硬質の軸受で支えられており,強い衝撃や振動を与えるとピボットの先端がつぶれて摩擦が増大し,指示が不正確になることがあるため注意が必要です.このほか,可動部の回転を支える方式として,トート・バンド式があります.トート・バンド式は耐衝撃性にすぐれ,摩擦部分がないので,高感度メータに適しています.

(6) 受石

可動コイルの上下に取り付けたピボットを支える軸受です.サファイヤなどの硬質の材料でできています.図1.6(b)および図1.9に示すように,黄銅製のネジ穴にスプリングに支えられてはめ込まれています.スプリングは衝撃をやわらげ,ピボットの先端の損傷を防ぎます(ピボット式メータ).

(7) トート・バンド

可動コイルを上下から引っ張って支えるとともに電流を導き,さらに回転を制御します.きわめて細いリボン状の特殊合金線です(バンド式メータ).

(8) テンション・スプリング

可動コイルの上下に取り付けられたトート・バンドに規定の張力を与えるとともに,可動コイルの位置を定めます(バンド式メータ).

(9) ボス・ストッパ

衝撃による可動コイルの縦,横のゆれを制御し,トート・バンドの断線を防止します(バンド式メータ).

(10) 指針(ポインタ)

可動コイルに取り付けられており,スケール上に測定量を指示する部分です.材料は,カーボン繊維に樹脂を含ませて固めたものが使われています.

(11) 零位調整器(コレクタ)

メータに電流を流していない状態で,指針がスケール板(目盛板)の零位を指示していないと測定誤差を生じます.このような場合には,零位の修正を行う必要があります.この零位修正をするための装置が,零位調整器です.メータ外側の調整ねじをドライバで回して,零位調整を行います.

(12) バランス・ウェイト

可動部の水平,垂直および左右のバランスを調整するためのおもりです.バランスが悪いと,テスタの姿勢(立てたり,斜めにする)により指針が零位からずれて,指示誤差の原因となります.

(13) ストッパ

指針止めです.指針が振り切れた際に,衝撃をやわらげたり,指針が曲がったり,指針が窓枠にはさまって零位に戻らなくなるのを防ぎます.

(14) スケール板

指針の停止位置により指示を読み取ります.一般に,白色塗装したアルミニウム板に,90°～100°の範囲に円弧状の目盛が印刷されています.測定量別に目盛を色分けしたり,ミラーを付けるなどして,読み取りやすいようにくふうされています.

1.4 テスタについての参考資料

● メータの階級

メータは,構造や確度から旧JIS C 1102により表1.2のように分類されています.テスタはこの分類には属さず,JIS C 1202の規定に準じています.

● 最大目盛値と最小目盛値

図1.10に示すように,最大目盛値は,ある測定レンジにおけるスケールが示す測定量の最大値であり,最小目盛値はその最小値です.

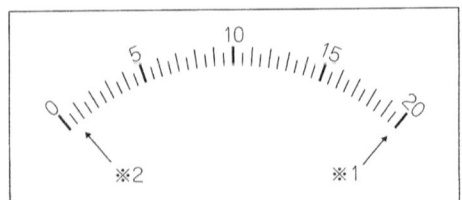

（※1）最大目盛値・・・20
（※2）最小目盛値・・・0.5

図1.10　最大目盛値と最小目盛値

表1.2 メータの階級

階級		AA級	A級
固有誤差	直流電圧／直流電流	±2（最大目盛値に対する%）	±3（最大目盛値に対する%）
	交流電圧[1]	±3（最大目盛値に対する%）	±4[2]（最大目盛値に対する%）
	抵抗	±3（目盛の長さに対する%）	±3（目盛の長さに対する%）
測定範囲の数[3]		20以上	10以上
目盛の長さ mm		70以上	40以上
回路定数	直流電圧 Ω/V[4]	20k以上	10k以上
	交流電圧 Ω/V[5]	9k以上	4k以上

(1) 直列コンデンサ端子を用いて測定する交流電圧には適用しない．
(2) 最大目盛値が3V以下の測定範囲については，最大目盛値の±6%とする．
(3) 付加目盛は，測定範囲の数に含めない．
(4) 任意の直流電圧測定範囲における内部抵抗と，その最大目盛値との比をkΩ/Vで表したものである．
(5) 任意の交流電圧測定範囲における内部インピーダンス（50Hzまたは60Hz）と，その最大目盛値との比をkΩ/Vで表したものである．

（a）階級による種類（アナログ式）

階級		AA級	A級
固有誤差	直流電圧	±（指示値の0.2%＋最大表示値の0.25%）	±（指示値の1.5%＋最大表示値の0.5%）
	交流電圧[6]	±（指示値の1%＋最大表示値の0.25%）	±（指示値の2.5%＋最大表示値の0.5%）
	直流電流[7]	±（指示値の1%＋最大表示値の0.25%）	±（指示値の2.5%＋最大表示値の0.5%）
	交流電流[6][7]	±（指示値の2%＋最大表示値の0.25%）	±（指示値の3%＋最大表示値の0.5%）
	抵抗	±（指示値の1%＋最大表示値の0.25%）	±（指示値の2%＋最大表示値の0.5%）
測定範囲の数[8]		20以上	15以上
回路定数[9]	交流電圧／直流電圧	9MΩ以上	9MΩ以上

(6) 実効値検波方式のものは，測定範囲が最大表示値の10%未満には適用しない．
(7) 最大表示値が1Aを超える測定範囲には適用しない．
(8) 直流電圧，直流電流，交流電圧，交流電流，抵抗測定以外は，測定範囲の数に含めない．
(9) 任意の電圧測定範囲における内部インピーダンス（直流測定範囲は直流，交流測定範囲は50Hzまたは60Hzを用いて行う）を動作状態で求めたものである．

（b）階級による種類（ディジタル式）

● 電流感度

　メータの感度を表すには，一般的に電流感度が使われています．電流感度とは，メータの指示がフルスケールした(100%まで振れた)ときの電流値で表されます．たとえば，500μAでフルスケールした場合，そのメータの感度は500μAということになります．同様に，電流感度250μAのメータは，250μAでフルスケールします．そのため，250μAのメータは，500μAのメータより2倍感度がよい，感度が高いなどといわれます．

また，可動コイル型メータのように平等目盛のメータでは，ある指示点(%)と電流値から比例式を利用して感度を求めることができます．メータ指示が25%のときに，流れている電流が$100\mu A$であるとすれば，

$$\frac{感度}{100\%} = \frac{100\mu A}{25\%}$$

から，感度$400\mu A$が求められます．

一般のテスタに使用されるメータは，$10 \sim 200\mu A$程度の感度ですが，テスタの性質上，できるだけ高感度のものが望まれます．反面，高感度のメータほど機械的に弱くなり，故障しやすくなります．

●Ω/V（オーム・パー・ボルト）

電流感度が電流計の感度を表すのに対し，Ω/VやkΩ/Vは電圧計の感度を表す目やすとなります．この単位の意味は，1V当たりの電圧計の内部抵抗値です．たとえば，20kΩ/Vの電圧計で250Vレンジの内部抵抗R_{250}は，次のように求められます．20kΩ/Vは，1V当たり20kΩの内部抵抗であることを表していますから，

$$R_{250} = 20k\Omega/V \times 250V = 5000k\Omega$$

となります．

また，最大目盛値が10Vのレンジの内部抵抗が20kΩであれば，この電圧計のΩ/Vは20kΩ/10Vで，2kΩ/Vになります．このΩ/Vの単位を見てわかるように，オームの法則から電流の逆数であることがわかります．

$$I(A) = \frac{E(V)}{R(\Omega)} \qquad \frac{1}{I(A)} = \frac{R(\Omega)}{E(V)}$$

このように，Ω/Vの絶対値が大きいほど，その電圧計に使用しているメータの感度は高いことがわかり，2kΩ/Vの電圧計より5kΩ/Vの電圧計のほうが高感度になります．以上のことから，電流感度とΩ/Vの間には，次のような関係が成り立ちます．

$$電流感度(A) = \frac{1}{\Omega/V}$$

この関係式から，20kΩ/Vは電流感度の$50\mu A$に相当します．

●内部抵抗

メータの(+)(−)の端子間から見た抵抗を，そのメータの内部抵抗といいます．メータの内部抵抗は，温度の上昇とともに増加します．すでに説明したように，可動コイルに使用されている巻線は銅線です．銅線の抵抗は1℃の温度上昇に対し，約0.4%増加します．そのため，内部抵抗が1000Ωのメータでは，10℃の温度変化に対して40Ω(4%)の変化があります．

注1：電流計およびメータと二つの同じような意味の言葉がでてきたが（テスタに使用するメータは電流計そのものだが），ここでいうメータの意味は単なる指針計として，また電流計はとくに電流を測ることを目的とするものと考えて説明している．

電流計や電圧計の回路構成などを理解するとわかりますが，この抵抗変化が大きいと，指示誤差が大きくなる原因となります．この対策として，温度による抵抗変化の少ない(温度係数の小さい)抵抗器や，温度係数が負の抵抗器(半導体)を使った温度補償回路が使われることがあります．

以上，メータ単独の場合の内部抵抗について説明しましたが，電圧計や電流計[注1]のその端子から見た抵抗も，電圧計10Vレンジの内部抵抗，電流計10mAレンジの内部抵抗などといいます．

内部抵抗は電圧計においては大きいほど良く，電流計では小さいほど良いとされています．これについては，**第6章**の「**電圧の測定**」および「**電流の測定**」の項を参照してください．

● 端子の極性

端子が二つの直流用のメータでは，前面(スケール板側)から見て，端子が左右にならんでいる場合は右側を，上下にならんでいる場合には上側をそれぞれプラス(+)極とし，他方(左側または下側)をマイナス(-)極としています．3端子以上でもこれに準じます．

第2章
アナログ・テスタの測定原理

　本章では，アナログ・テスタ(以下，本章ではテスタと表記)を使う前の予備知識として，その構造や回路構成，スケールの読み取り方などについて説明します．

2.1　テスタについて

●テスタの概念
　テスタ(回路計ともいう)はその名が示すとおり，回路点検用の非常に便利な測定器です．**写真2.1**に示すように，リード線の差し替えやロータリ・スイッチの切り替えによって，電圧，電流，抵抗などの広範囲な測定ができる構造になっています．
　テスタは，電気機器の保守や修理には欠かせない機器の一つですが，許容差の範囲が比較的広いことや，その他の条件のため精密な測定には向いていません．しかし，機器の保守や修理では，特殊な場合を除いて，必ずしも精密な測定を必要としないため，テスタは十分に威力を発揮します．

●測定範囲(測定レンジ)
　テスタでは，リード線の差し替えやロータリ・スイッチの切り替えにより，次のような測定を行うことができます．
　　直流電圧(DC V)，直流電流(DC A)，交流電圧(AC V)，直流抵抗(Ω)
　上記は基本的な測定であり，ほとんどのテスタで測定できます．この他に，
　　低周波出力(dB)，交流電流(AC A)，負荷電流と負荷電圧(*LI* & *LV*)，静電容量(*C*)
　　バッテリ・チェック(BATT)，温度(℃)，トランジスタの電流増幅率(h_{FE})
などの測定ができるテスタもあります．さらに，導通試験に便利なブザー付きのもの，増幅器調整用のシグナル・インジェクタを内蔵したものもあります．
　なお，一般電気機器の保守や簡単な修理では，DC V，AC Vともに0.1～1000V，DC Aは10μA～500mA，Ωは1Ω～1MΩ程度の測定ができるテスタであれば十分です．トランジスタを含む半導体関係の電子回路を扱うことが多い場合は，DC2.5Vや0.1Vくらいの測定レンジがあると便利です．

●テスタの許容差
　テスタの許容差はJIS C 1202に定められています．これより厳しい許容差を採用しているテスタもあります．

第2章 アナログ・テスタの測定原理 ● 2.1 テスタについて

(a) 小型ロータリ・スイッチ式（YX-361TR）

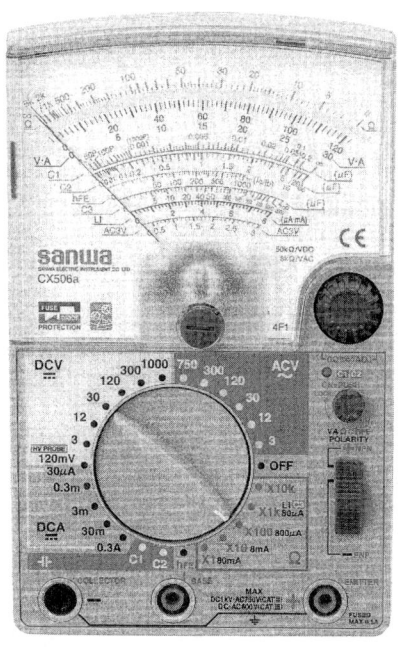

(b) 多機能型ロータリ・スイッチ式（CX506a）

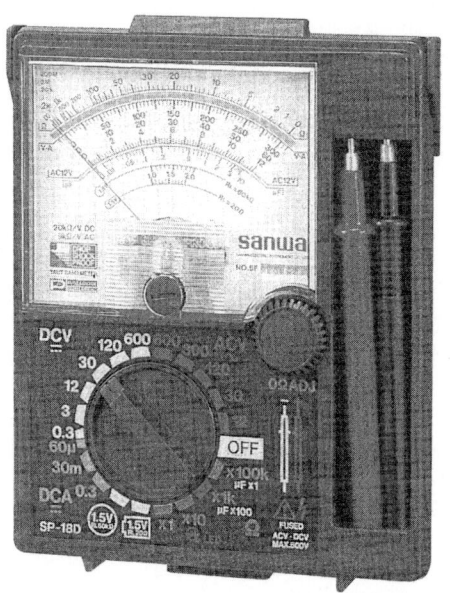

(c) 保護カバー付きロータリ・スイッチ式（SP-18D）

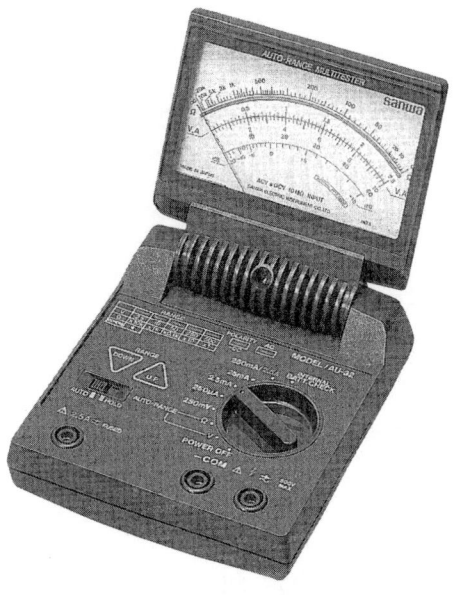

(d) オートレンジ切り替え式（AU-32）

写真2.1　テスタの種類

JIS規格の中で，最大目盛値とは各測定レンジの最大目盛の値をいいます．たとえば，DC0.5mAレンジの最大目盛値は0.5mAです．

各測定レンジの許容差は，最大目盛値に対する割合で表されるため，指示値に対する許容差は振れ角が少ないほど大きくなります．たとえば，0.5mAの電流を0.5mAレンジで測定すると，許容差±3%の場合は0.5±0.015mAの範囲までしか許容されません．

これに対して，10mAレンジで測定すると，0.5±0.3mAまでの大きな誤差が許容されることになります(実際にこれだけ誤差があるわけではない)．さらに振れ角が小さくなるため，指示の読み取りによる誤差も大きくなります．不適切なレンジで測定を行うと，不正確な測定結果しか得られません(図2.1参照)．

このことから，電圧や電流の測定ではメータの指示ができるだけ大きくなるようなレンジを選ぶのがよいとされています．ただし，回路の状態(電圧測定では高抵抗の回路，電流測定では低抵抗の回路)によっては，必ずしも大きく振れるレンジほど正確な測定ができるとは限りません．

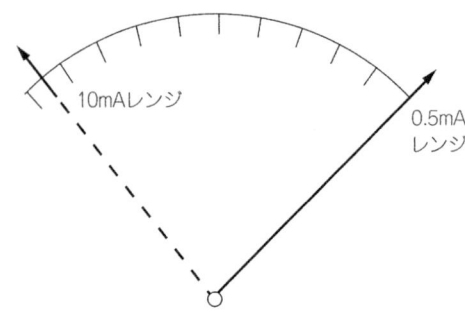

図2.1　測定レンジと振れ角度

2.2　アナログ・テスタの構造

● 部品の名称と働き

テスタ各部の名称を図2.2に示します．以下，各部品について説明します．

(1) メータ(指示計)

テスタの性能を決定する重要なもので，機械的強度に問題がなければ測定上は高感度メータほど有利です．メータについての詳細は第1章で説明したので，ここでは省略します．

(2) ロータリ・スイッチ

スイッチつまみを回すとメータに接続されている回路が切り替わり，測定レンジが変わります．ブラシの接点材料には接触抵抗を小さくする目的で，貴金属片や硬質の貴金属をメッキした金属板が使用されています．

スイッチは，完全にON/OFFされる必要があります．接触面が汚れていると接触不良を起こし，メータの指示が出たり出なかったりします．また，リーク電流が流れて指示誤差を生じることもあります．スイッチが重いからといって接点部に油をつけたり，汚れた手で扱わないようにしてください．

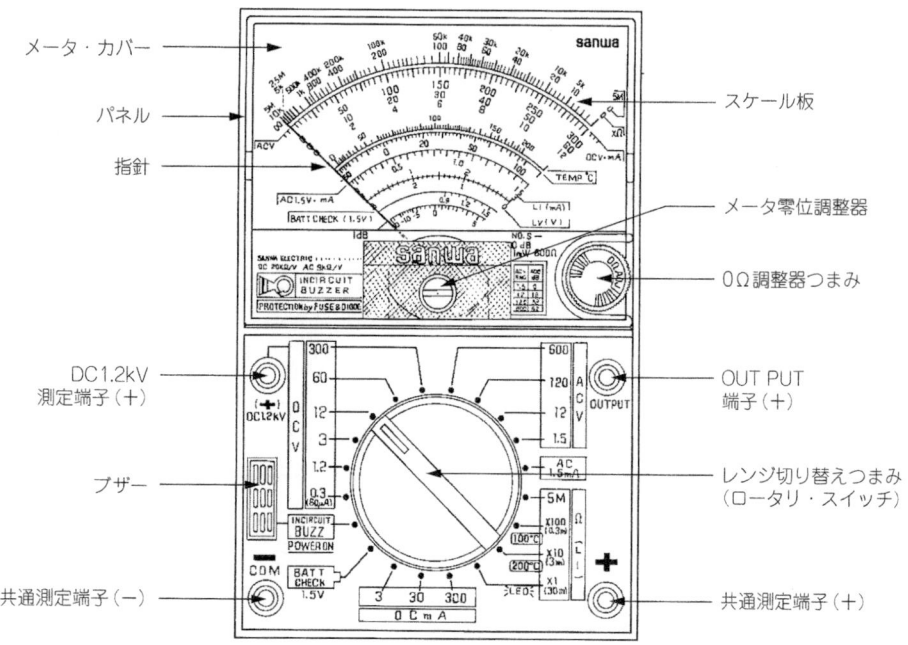

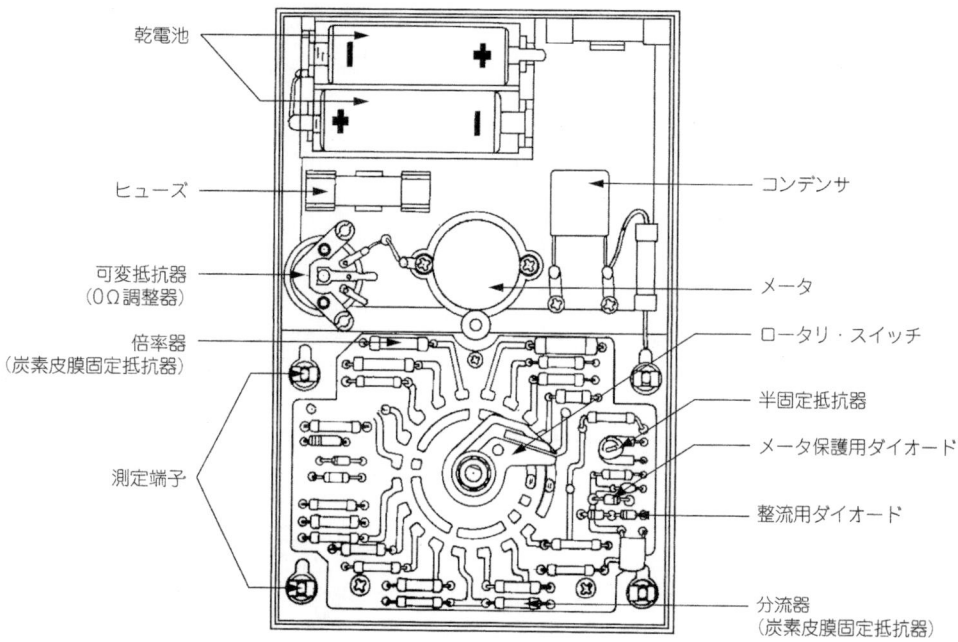

図2.2　ロータリ・スイッチ式テスタの各部名称

(3) 抵抗器

テスタ用の抵抗器には，配線の自動化や省資源のために，角型（2×1.25～3.2×1.6 mm）や円筒型（$\phi2.2\times6$ mm）の極めて小さいチップ抵抗を使用します．誤測定をおこしやすい測定レンジには，焼損しにくい少し大型の金属皮膜抵抗器などを使用しています．精度は，公称値（表示されている抵抗値）の±0.5～2%のものが多くなっています．そのため，焼損したテスタの抵抗器を交換するには，同じ抵抗値でも精度のよいものを使用しないと，正しい指示が得られなくなります．

チップ抵抗器などの小型の抵抗器では，図2.3のような表示をします．

抵抗器の表示と許容差については図2.4に示すような決まりがありますが，省略して表示することが多いようです．記号と許容差の関係は，次のとおりです．

　　　C：$\pm0.25\%$　　D：$\pm0.5\%$　　F：$\pm1\%$　　G：$\pm2\%$　　J：$\pm5\%$

参考までに，抵抗器の色表示（カラー・コード）を表2.1にあげておきます．

(4) 零オーム調整器

零オーム調整器には，5～30 kΩ程度の可変抵抗器が使用されています．俗にボリュームと呼ばれている抵抗器です．

(5) 零位調整器

メータの構造の項で説明したので，ここでは省略します．

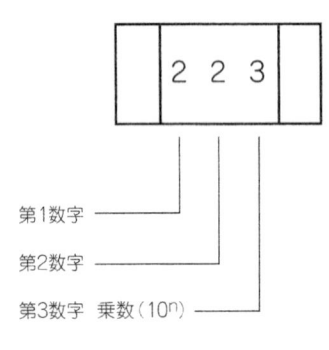

図2.3　角型チップ抵抗器の抵抗値表示例

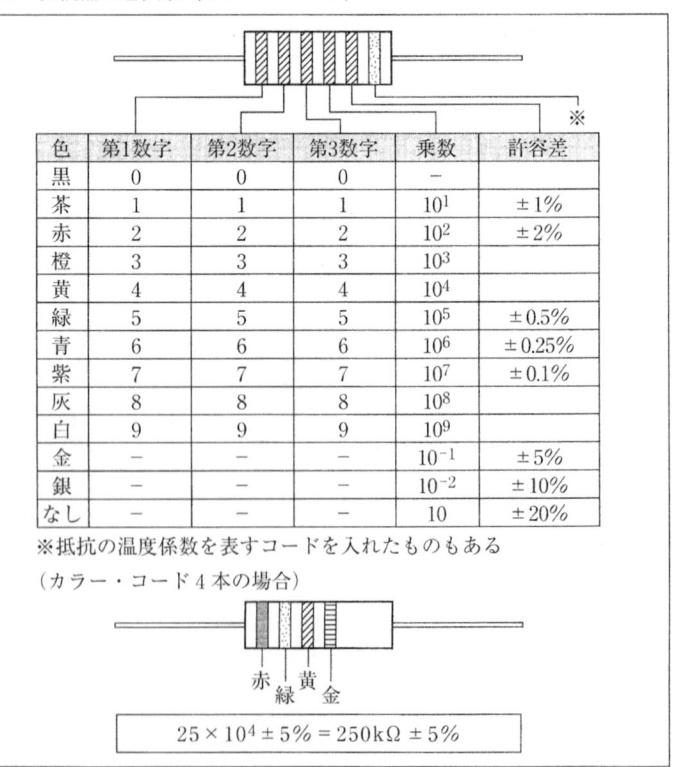

表2.1　抵抗器の色表示（カラー・コード）

色	第1数字	第2数字	第3数字	乗数	許容差
黒	0	0	0	—	
茶	1	1	1	10^1	$\pm1\%$
赤	2	2	2	10^2	$\pm2\%$
橙	3	3	3	10^3	
黄	4	4	4	10^4	
緑	5	5	5	10^5	$\pm0.5\%$
青	6	6	6	10^6	$\pm0.25\%$
紫	7	7	7	10^7	$\pm0.1\%$
灰	8	8	8	10^8	
白	9	9	9	10^9	
金	—	—	—	10^{-1}	$\pm5\%$
銀	—	—	—	10^{-2}	$\pm10\%$
なし	—	—	—	10	$\pm20\%$

※抵抗の温度係数を表すコードを入れたものもある

（カラー・コード4本の場合）

$25\times10^4\pm5\%=250\,\mathrm{k\Omega}\pm5\%$

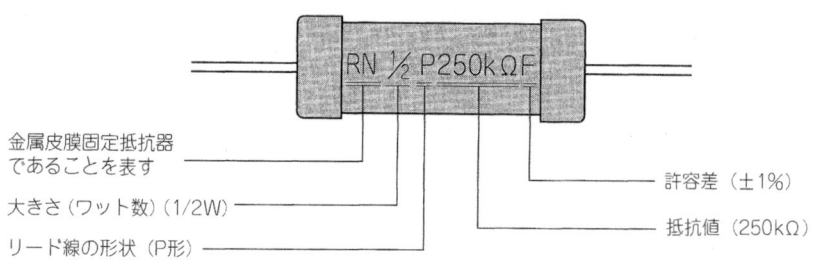

図2.4　抵抗器の表示

(6) 電池

抵抗測定時の電源です．テスタに使用されている電池には，1.5Vの単3型や単4型のマンガン乾電池，アルカリ乾電池を1～2本使用しています．中型以上のテスタでは，9Vの6F22型積層電池を併用しているものもあります．

電池が古くなると内部抵抗が大きくなり，抵抗測定レンジで零オーム調整ができなくなったり，指示誤差を生じるなどの問題が発生します．さらに，液漏れにより電池端子が腐食する恐れもあります．消耗した電池は，なるべく早く新品と交換してください．

(7) 整流器

可動コイル型メータは，交流に対してほとんど動作しないため，交流を整流器で整流してメータを動作させます．テスタに使用されている整流器には，逆耐電圧や周波数特性にすぐれているシリコン・ダイオードが用いられています．

(8) ヒューズ

テスタに使われているヒューズは，$\phi 6.3 \times 30\,mm$や$\phi 5.2 \times 20\,mm$のガラス管またはセラミック管で，定格電流0.1～20A，定格電圧125Vまたは250Vのものです．最近は，しゃ断特性のよい消弧剤入りのヒューズが多く使われています．いずれも回路の保護は期待できませんが，誤操作時の危険な過大電流を遮断することができます．したがって，テスタの焼損や爆発事故を防止できますし，一部の回路部品の保護も可能です．

(9) メータ保護回路

一般に，テスタのメータは誤操作による十倍程度の過電流では，測定にさしつかえるような故障は起こりません．しかし，数十倍またはそれ以上の過電流が流れると指針が曲がったり，コイルが焼け

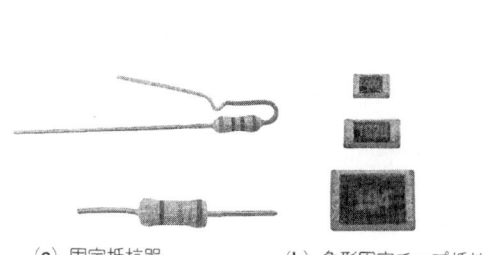

(a) 固定抵抗器　　(b) 角形固定チップ抵抗器

写真2.2　固定抵抗器

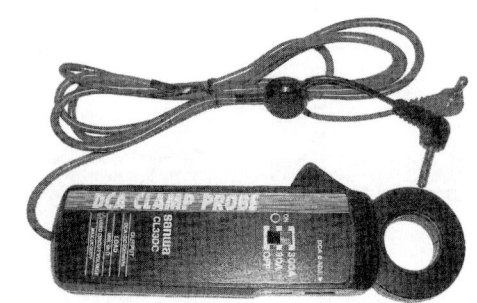

写真2.3　電流測定用クランプオン・プローブ（CL33DC）

るなどの故障が起こり，使用できなくなります．このような過大電流からメータを守る回路が，メータ保護回路です．

一般的に，測定ミスなどによって測定端子に流れ込んだ大きな電流は，その大きさに比例してメータに流れ込み，定格電流をはるかにオーバーしてメータを壊してしまいます．しかし，メータに並列にダイオードを接続すれば，過大電流の大部分がダイオード側に流れ込みます．そのため，メータには定格電流の数倍の電流が流れるだけで，メータは事故から保護されます．

(10) 回路保護用のダイオード

誤測定によるテスタ内の抵抗器の焼損防止用ダイオードです．電流容量の大きいシリコン・ダイオードを抵抗器と並列に接続します．

(11) 測定端子

測定用のテスト・リードを接続する穴径4mmの金属製の端子です．

(12) 外装

テスタはパネル，リア・ケース，メータ・カバーなどで外装されています．使用している材料を確認し，取り扱いには十分注意してください．

初期には，パネルやリア・ケースの材料としてフェノール樹脂や鉄板が，メータの窓にはガラスが使われていました．現在は，ABS樹脂や透明なアクリル樹脂が使われているため，軽量でメータ部分も明るく使いやすくなっています．しかし，これらの樹脂は，シンナー，ベンゾールなどの溶剤や熱に弱く，傷つきやすいため取り扱いには十分注意してください．

●テスタの付属部品

写真2.4に，テスタの付属品を示します．これらの役割は次のとおりです．

(1) テスト・リード（テスト棒）

一般測定用のリード線です．

(2) クリップ・アダプタ

片側にワニぐちクリップの付いたリード線で，テスト・リードと結合して使います．テレビやラジオの電圧測定などでテスト・リードの片側を一点に固定して作業する場合に便利です．

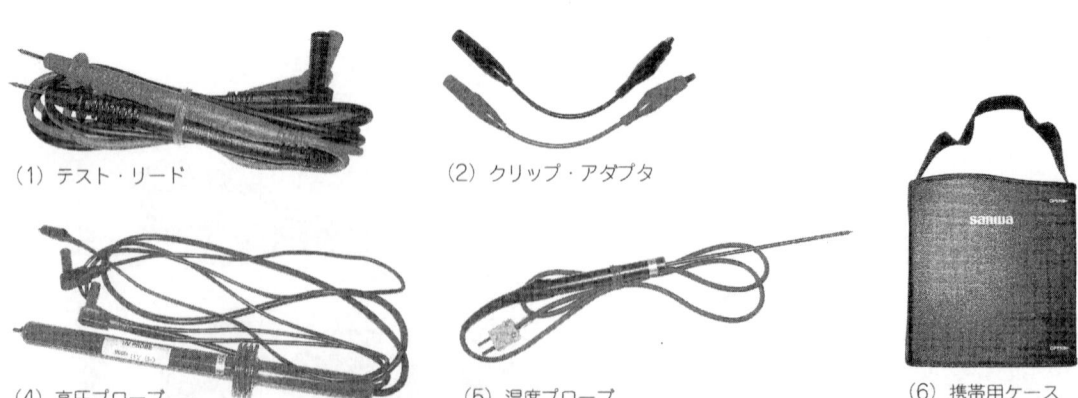

写真2.4 テスタの付属部品および付属装置

(3) ヒューズ付きテスト・リード

テスト・リードの絶縁棒に0.5～1Aのヒューズを内蔵させたもので，人体の安全上，特に"強電"関係の測定には必要です．

(4) 高圧プローブ

絶縁筒に数十MΩ～数百MΩの高抵抗を内蔵したもので，テレビなど"弱電"の高電圧測定に使います．同じ30kV用でも，テスタのΩ/Vに合ったプローブを使うようにします．

(5) 温度プローブ

テスタと組み合わせて温度測定を行うときに使用します．

(6) 携帯用ケース

テスタを落下などの衝撃から保護するため，持ち運びや保管するときに使います．

(7) 電流測定用クランプオン・プローブ

数100mA～数100Aの電流を，電線を切らずに測定できます．直流・交流ともに測定できるものもあります(**写真2.3**)．

● テスタの回路例

テスタの回路にはいろいろな方式があります．図2.5に示したのは，ロータリ・スイッチ式テスタの回路例です．

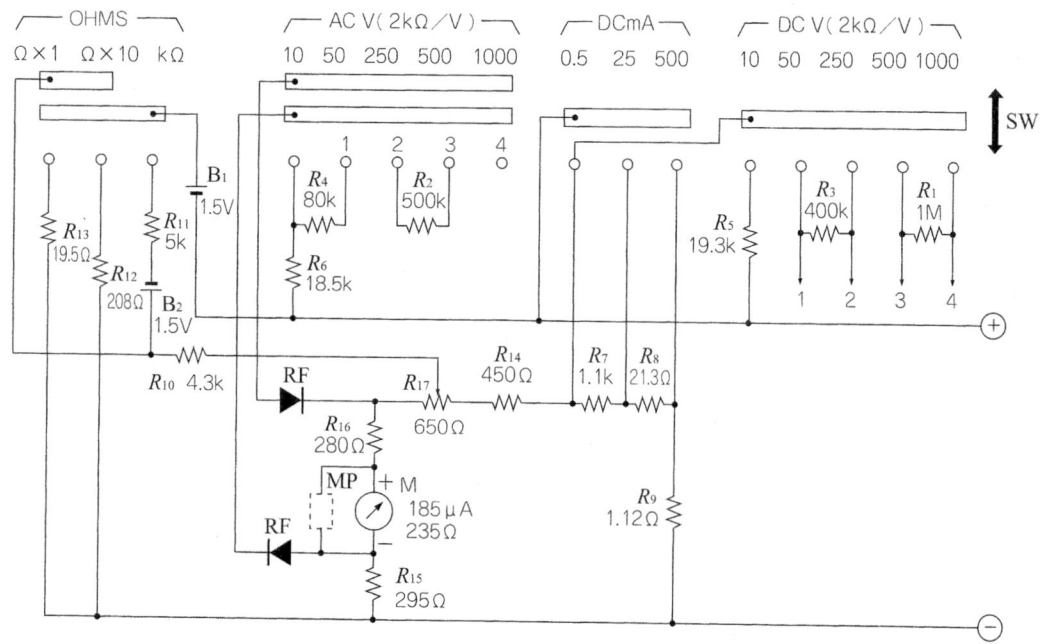

図2.5　ロータリ・スイッチ式テスタの回路例

2.3 直流電流計

●分流器（シャント）

テスタ用のメータ（電流計）は感度が $10\sim200\,\mu\mathrm{A}$ 程度ですから，このままでは大きな電流の測定ができません．このようなメータで大きな電流の測定をするには，どのような方法が用いられているか調べてみます．計算を簡単にするため，感度1mA，内部抵抗1kΩのメータを使用します．

図2.6(a)では，感度1mAのメータがそのままですから，メータがフルスケールのときに，電流計に流れる電流 I_M と測定端子から流れ込む電流 I とは等しく1mAです．同図(b)は，メータと並列にメータの内部抵抗に等しい抵抗1kΩをつないだ場合です．まず，メータに流れる電流 I_M について考えると，メータがフルスケールのとき I_M は並列抵抗に関係なく1mAです．一方，並列抵抗に流れる電流 I_S も並列抵抗がメータの内部抵抗と等しいので，やはり1mAです．したがって，測定端子に流れ込んだ電流 I' は，I_M と I_S の和で $I' = 2\mathrm{mA}$ となります．メータと等しい抵抗を並列につなぐことにより，2倍の大きさの電流測定が可能になります．

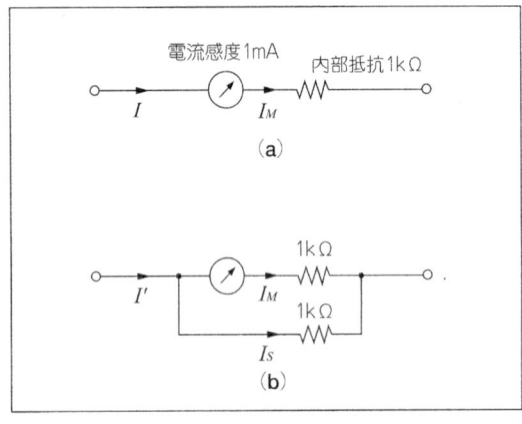

図2.6 分流器の働き

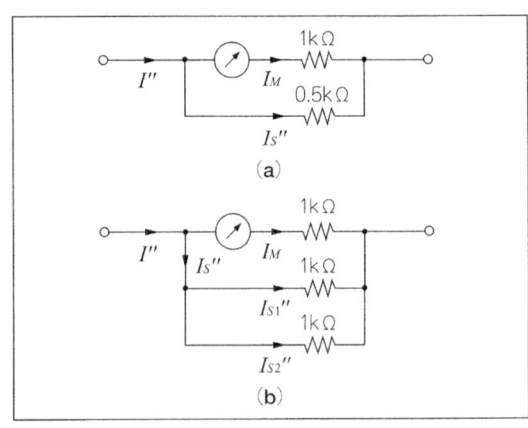

図2.7 0.5kΩの抵抗を並列につなぐ

次に，0.5kΩの抵抗をつないだ場合を調べてみます．0.5kΩは，1kΩの抵抗2個を並列につないだものと等価ですから，図2.7(a)は，同図(b)のように書き換えることができます．したがって，図2.6(b)の場合と同様な考え方で，メータがフルスケールすれば，各岐路に流れる電流は1mAです．
したがって，

$$I'' = I_M + I_S'' = I_M + I_{S1}'' + I_{S2}''$$

ところで，

$$I_M = I_{S1}'' = I_{S2}'' = 1\mathrm{mA}$$

ですから，

$$I'' = 3\mathrm{mA}$$

となります．メータにメータの内部抵抗の半分の並列抵抗をつなぐことにより，3倍の大きさの電流測定が可能になります．以上のことをまとめると，メータと並列に抵抗をつなぐと電流の測定範囲が拡

大され，小さい並列抵抗ほど拡大される割合は大きいことがわかります．この関係を数式で表すと，次のようになります．

$$I = I_M \left(1 + \frac{r}{R_S}\right)$$

ただし，　　　I：拡大された電流計の最大目盛値(A)
　　　　　　　I_M：メータの感度(拡大される前の電流計の最大目盛値)(A)[注1]
　　　　　　　r：メータの内部抵抗(Ω)[注1]
　　　　　　　R_S：並列抵抗(Ω)

このように，メータの電流測定範囲の拡大を目的に接続する並列抵抗R_Sを，分流器（シャント）といいます．分流器の抵抗値を求めるには上式を変形すればよく，

$$R_S = \frac{r}{\left(\dfrac{I}{I_M}\right) - 1} \quad \text{ここで} \quad \frac{I}{I_M} = n \quad \text{とおけば} \quad R_S = \frac{r}{n - 1}$$

となり，nを分流器の拡大率といいます．

● 電流計回路の計算

感度500 μA，内部抵抗200 Ωの電流計を1Aの電流計にするには，分流器の抵抗R_Sを何Ωにしたらよいのでしょうか（図2.8）．これは，次のように計算します．

分流器の拡大率　　$n = \dfrac{1\,\text{A}}{500\,\mu\text{A}} = \dfrac{1\,\text{A}}{500 \times 10^{-6}} = 2000$

$$\therefore R_S = \frac{r}{n - 1} = \frac{200}{2000 - 1} \fallingdotseq 0.1\,\Omega$$

以上の計算から，0.1 Ωの分流器をつなげばよいことがわかります．なお，計算するときには単位に注意してください．

表2.2から，
　　　　　$500\,\mu\text{A} = 500 \times 10^{-6}\,\text{A} = 0.0005\,\text{A}$
　　　　　$1\,\text{k}\Omega = 1 \times 10^3\,\Omega = 1000\,\Omega$

表2.2　補助単位と倍数

補助単位	μ	m	k	M
倍　数	10^{-6}	10^{-3}	10^3	10^6

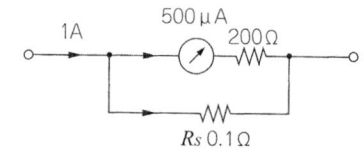

図2.8　分流器の計算

注1：すでにメータと並列に抵抗が接続されている場合には，あらかじめ計算によりI_Mおよびrに相当する値を求めておく．

●電流計の回路例

メータにいくつかの分流器を備えておき，図2.9(a)のようにスイッチで切り替えるか，同図(b)のようにテスト・リードを差し替えられるようにしておくと，広範囲の測定ができて便利です．

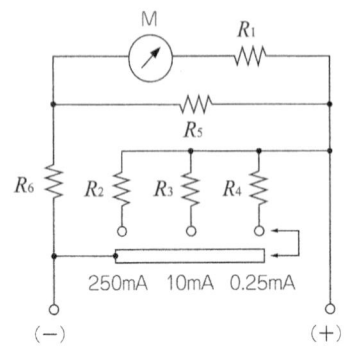
(a) 並列型（ロータリ・スイッチ式回路例）

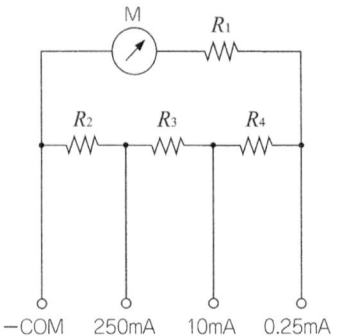
(b) 直列型（リード差し替え式回路例）

図2.9　分流器の接続方法

2.4　直流電圧計

●倍率器（マルチプライヤ）

電圧計は，電流計（メータ）と直列につながれた抵抗で構成されています．抵抗Rに電圧Eを加えれば，オームの法則によって電流Iが流れます．

$I = E/R$

逆に，抵抗Rに電流Iが流れているときは，抵抗の両端の電圧はEになります．

$E = I \cdot R$

したがって，抵抗が一定な電流計で電流を測定すれば，電流と抵抗の積から電圧が求められます．もし，このような電流計のスケールをその測定端子からみた抵抗倍，つまりR倍した値で目盛って，電圧の単位ボルト（V）で読めば，電圧測定をしたことになります．これが電圧計の原理です（図2.10）．

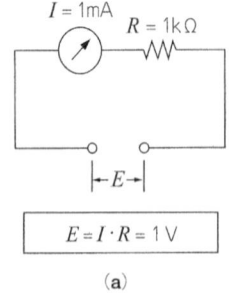
(a)

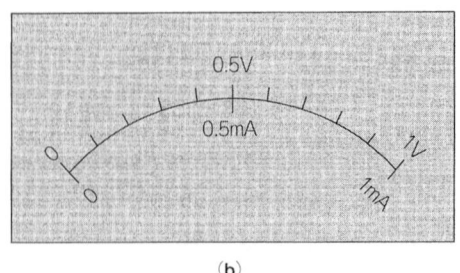
(b)

図2.10　電圧計の原理

メータには，数百Ωの内部抵抗があります．そのため，メータをフルスケールさせるためには，内部抵抗と電流感度の積に相当する電圧を加える必要があります．このことから，メータ自身が数百mVの低電圧測定用の電圧計であるといえます．

それでは，このような電圧計で高電圧を測定するにはどうすればよいのでしょうか．そのためには，高抵抗を直列につなげばよいことは容易に理解できます．これについて，理論的に証明してみます．

図2.11は，メータ（内部抵抗r）と直列に抵抗Rをつないだ場合です．メータがフルスケールするのに要する電流は変わらないはずですから，

$$E' = I \cdot (r + R) = I \cdot r + I \cdot R$$

となり，$I \cdot R$だけ余分に電圧を加えることができます．これは，$I \cdot R$だけ電圧測定範囲が拡大されたことを意味しています．このように，電圧計の電圧測定範囲の拡大を目的につなぐ直列抵抗のことを倍率器（マルチプライヤ）といいます．倍率器には，次のような関係があります．

$$E' = I \cdot r + I \cdot R = I \cdot r \left(1 + \frac{R}{r}\right) = E\left(1 + \frac{R}{r}\right)$$

ただし，　E'：測定範囲拡大後の電圧計の最大目盛値(V)
　　　　　E：拡大前の電圧計の最大目盛値(V)
　　　　　I：メータの感度(A) 注2
　　　　　r：メータの内部抵抗(Ω) 注2
　　　　　R：倍率器の抵抗(Ω)

また，拡大する電圧E'が決まっているとき，倍率器Rの値を求めるには上式を変形すればよく，

$$R = \left(\frac{E'}{E} - 1\right) r$$

ここで$\frac{E'}{E} = n$とおけば，

$$R = (n - 1) r$$

となり，nを倍率器の拡大率といいます．

● 電圧計回路の計算

（1）感度500μA，内部抵抗200Ωのメータを利用して，最大目盛500Vの電圧計を作る場合，倍率器Rは何Ωにすればよいか（図2.12）．

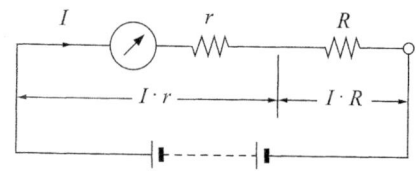

図2.11　倍率器をつなぐ

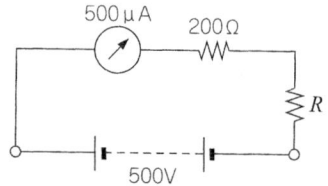

図2.12　倍率器の計算(1)

注2：すでにメータと直列や並列に抵抗が接続されている場合には，あらかじめ計算によりIおよびrに相当する値を求めておく．

倍率器の値を求める計算式に各値を代入します．

$$R = (n-1)r$$

$$n = \frac{E'}{I \cdot r} = \frac{500\text{V}}{500 \times 10^{-6}\text{A} \times 200\,\Omega} = 5000$$

$$\therefore R = (5000-1) \times 200\,\Omega = 4999 \times 200\,\Omega \fallingdotseq 1\text{M}\Omega$$

これによって，1MΩの倍率器をつなぐことで500Vの電圧計となることがわかります．

(2) 最大目盛値10V，2kΩ/Vの感度をもつ電圧計を，1000Vまで測定できる電圧計にする場合，倍率器の抵抗値Rは何Ωにすればよいか（図2.13）．

やはり，$R = (n-1)r$ の式を使います．

まずnは，

$$n = \frac{1000\text{V}}{10\text{V}} = 100$$

またrは，

$$r = 2\text{k}\Omega/\text{V} \times 10\text{V} = 20\text{k}\Omega$$

したがって，

$$R = (100-1) \times 20\text{k}\Omega = 1980\text{k}\Omega$$

1980kΩの倍率器をつなげば10V，2kΩ/Vの電圧計で1000Vの電圧測定ができるようになります．

● 電圧計の回路例

大きさの異なる電圧を，一つのメータで測定する場合は，図2.14のようにいくつかの倍率器を備えておき，スイッチなどで切り替えます．

2.5 交流電圧計

交流電圧を測定するには可動鉄片電圧計が多く使われていますが，テスタでは可動コイル型メータと整流器を組み合わせ，整流器型電圧計として使用します．この整流器型電圧計は，直流電圧計に整流器が加わっただけで，回路構成の基本的な部分は直流電圧計と同じです．次に，特に考え方の異な

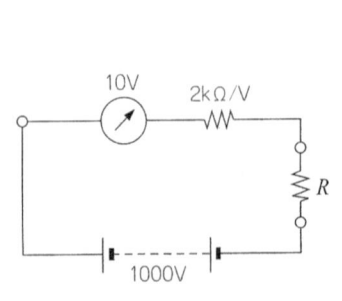

図2.13　倍率器の計算(2)

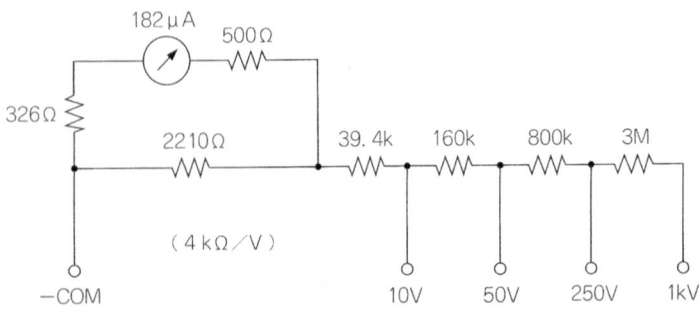

図2.14　電圧計の回路例

る部分だけを説明します．

● 整流器

可動コイル型メータは，電流に正比例した指示をします．しかし，電流の大きさが変化し，その変化の周期が短くなると慣性のため指針は電流の変化に追従できず，その平均値を指示するようになります．そのため，図2.15(a)のような平均値がゼロの交流では，20～30Hz以上になるとほとんど動作しなくなります．

そこで，交流を整流器（シリコン・ダイオードなど）で整流すると，同図(b)のように平均電流は0より大きくI_{av}となり，メータはある値を指示するようになります．このI_{av}は，入力電圧Eにほぼ正比例するため，結果として交流電圧を測定したことになります．

測定器に使用する整流器は逆耐電圧などの関係で，一素子単独で使うことはなく，図2.16のように2～4素子を組み合わせて使用します．

● 交流の大きさの表し方（最大値，平均値，実効値）

整流器型電圧計は測定電圧の平均値を指示しますが，一般的には交流の大きさは実効値で表すほうが便利です．

交流は，その瞬間ごとに大きさと方向が変わります．電圧値や電流値を比較するには，ある一定の方法により定めた値を用いる必要があります．その方法には，次のものがあります．

1) 瞬間値……交流の任意の瞬間の値
2) 最大値……1周期間でもっとも大きな電流または電圧の瞬間値
3) 平均値……正の半周期間の電流または電圧を平均した値（1周期の平均では一般にはゼロとなり，比較できないため半周期の平均を取る）
4) 実効値……抵抗Rに直流電流Iを流したとき，単位時間に消費される電力Pと，その抵抗にある交

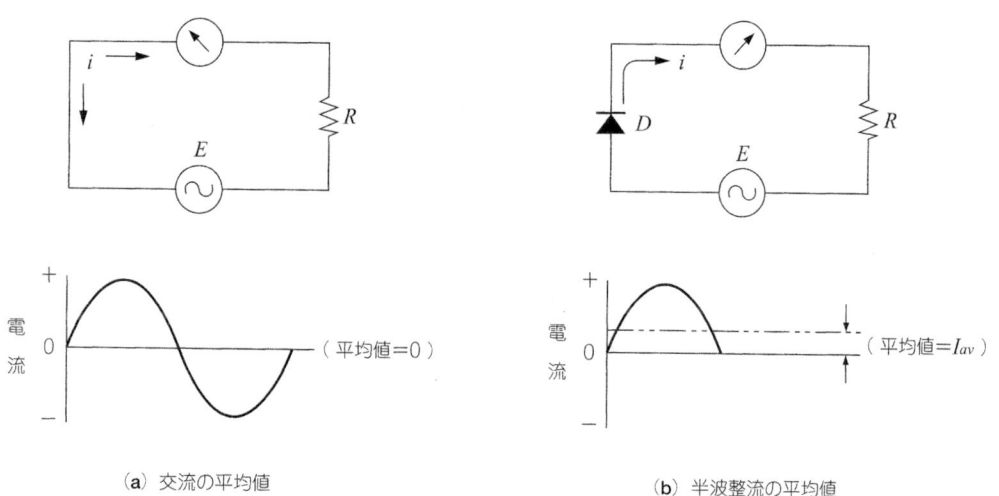

(a) 交流の平均値　　　　　　　　　(b) 半波整流の平均値

図2.15　交流の平均値

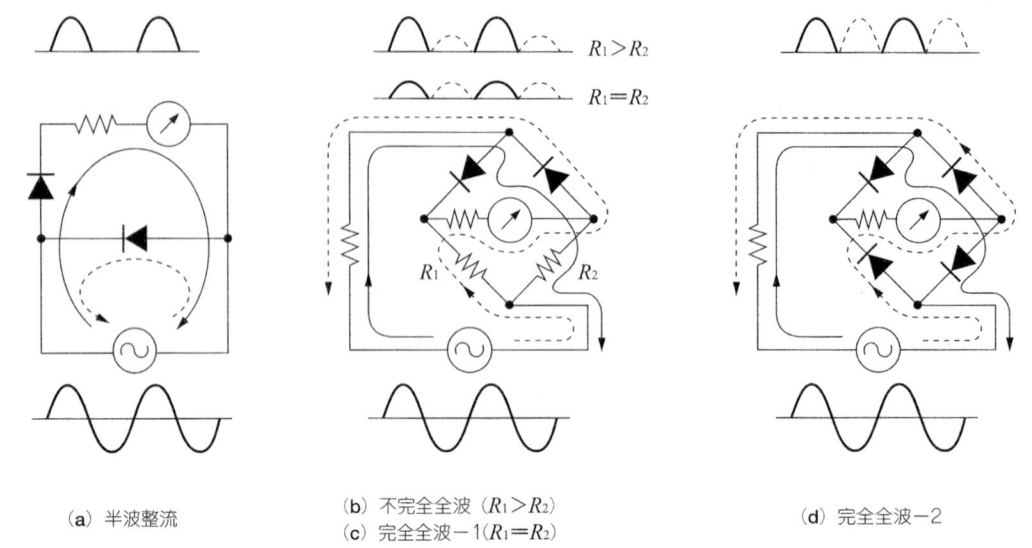

(a) 半波整流
(b) 不完全全波 ($R_1 > R_2$)
(c) 完全全波－1 ($R_1 = R_2$)
(d) 完全全波－2

図2.16 整流回路の種類

流電流を流したとき，単位時間に消費される電力P'が等しければ，その交流電流の値は実効値でIであるとします．この関係を式で表すと，

$$P = I^2 R$$
$$P' = (交流電流)^2 R$$

となり，PとP'が等しいことから，

$$I^2 R = (交流電流)^2 R$$
$$\therefore I = (交流電流)$$

　つまり，実効値とは，直流と同じ仕事量の交流の大きさを表す値です．電流の実効値が求まれば，電圧の実効値もオームの法則から求められます．
　以上，交流の大きさを表す方法にはいくつかあり，それぞれ違った値となることが多いようです．直流においては，1)～4)まで同じ値になります．私たちが日常電気を使う場合，その仕事量を問題にすることが多くなります．その点で，直流と交流を同様に扱うことができる実効値が便利であるということになり，実効値が一般に広く使われています．したがって，テスタのスケールでも実効値を測定し，平均値の指示を実効値に換算して目盛られています．
　ひとくちに交流といってもいろいろな種類があり，それぞれ違った性質を示します．その中でテスタの測定対象となるのは，正弦波交流です．正弦波交流はもっとも扱いやすい交流であるため，電灯線や動力線に使用されています．正弦波交流の最大値，平均値，実効値には次のような関係があります（**図2.17**参照）．

$$(平均値) = \frac{2(最大値)}{\pi}$$

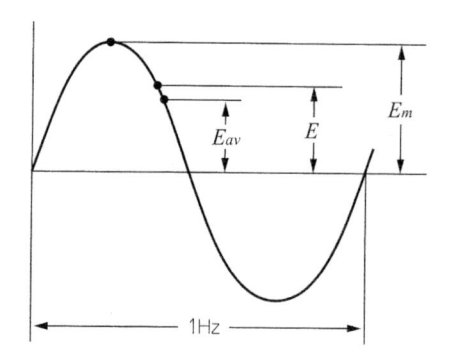

図2.17　電圧の最大値(E_m)，実効値(E)，平均値(E_{av})の関係

$$(実効値) = \frac{(最大値)}{\sqrt{2}}$$

この二つの式から

$$(実効値) ≒ 1.11(平均値)$$

が得られます．

●交流電圧レンジの倍率器とスケール

　多くのテスタはコストやスペースの問題から，なるべくDC VとAC Vの倍率器およびスケールを共有するように回路が工夫されています．しかし，たとえばAC10VレンジのようなAC Vの最低レンジは，別の専用スケールを使用することが多いようです．図2.18は50Vレンジ以上が共用で，AC10Vレンジだけを専用スケールにした例です．

　低レンジだけに特別なスケールを使用するのは，整流器の抵抗が電流の大きさにより変化するからです．一概にいえませんが，電流の値によって数百Ω～数kΩの範囲にわたって変化します．整流器が倍率器と直列に接続されているため，整流器の抵抗変化は，倍率器の抵抗の変化と同じになるため，それを見込んでスケールを目盛っています．

　高電圧レンジでは倍率器の値が大きく，整流器の抵抗値の変化が無視できる大きさですから，問題は起こりません．

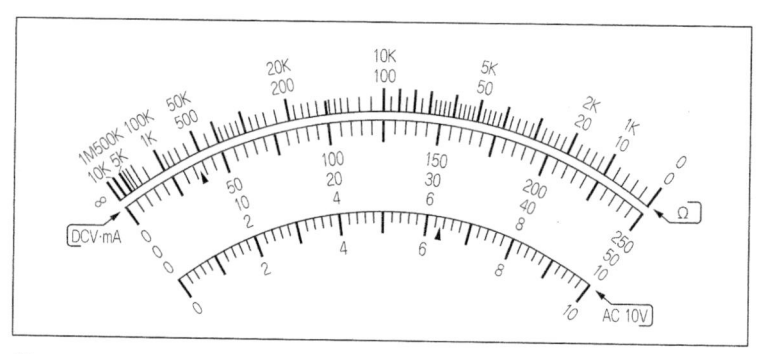

図2.18　AC10Vの専用スケールがついている例

2.6 抵抗計

● 測定原理

抵抗計の他のレンジとの大きな違いは，テスタに内蔵されている電池により動作し，スケールは不平等目盛で零位が右端になっていることです（図2.22参照）．

図2.19で，スイッチSWをONとして未知抵抗R_xをショートした状態で，可変抵抗VRを調整し，メータをフルスケールさせます．そのときの電流をIとすれば，$I = E/R$です．

次にSWをOFFにすると，R_xが回路と直列に加わるので電流は減少してI'となります．

I'の大きさは$I' = E/(R + R_x)$であり，この電流の減少する割合から，未知抵抗R_xを求めるのがテスタの抵抗計です．上記の二つの式から次の計算式が求まります．

$$R_x = R\left(\frac{I}{I'} - 1\right)$$

ここでIを基準値（100%）とし，I'との比$I'/I = P$とすれば前式は，

$$R_x = R\left(\frac{1}{P} - 1\right)$$

となります．したがって，この計算式から未知抵抗を接続して，指示が最初の指示の1/2に減少したとすれば，その抵抗値は，

$$R_x = R\left(\frac{1}{(1/2)} - 1\right) = R$$

で，抵抗計の内部抵抗と等しい値であることがわかります．逆に考えれば，抵抗測定スケールのちょうど中央の値が，その抵抗計の内部抵抗であるともいえます．

たとえば，抵抗レンジの内部抵抗が20Ωであれば抵抗測定スケールの中央値もやはり20Ωです（図2.22）．同様に，指示が0のときR_xは無限大，100%指示のまま変化しなければ$R_x = 0$となります（図2.20）．

以上のように，スケールの各点について，指示と内部抵抗の関係を目盛ってあるのが抵抗測定用のスケールです．

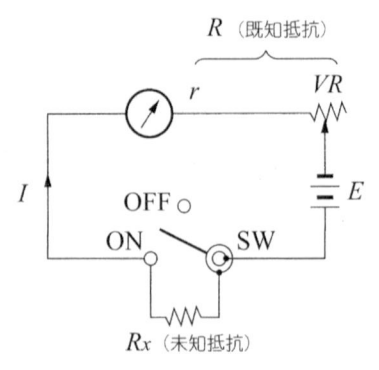

図2.19 抵抗計の原理図

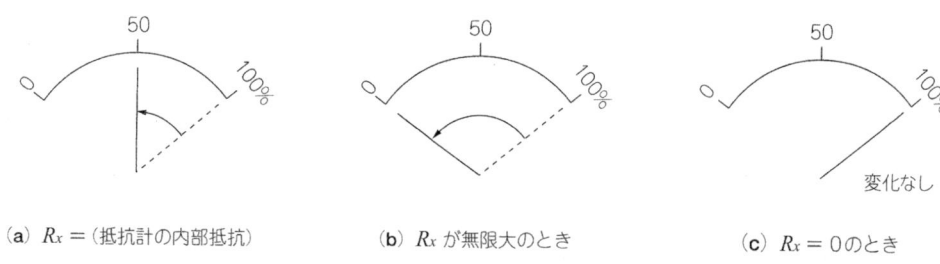

(a) $R_x =$(抵抗計の内部抵抗)　　(b) R_x が無限大のとき　　(c) $R_x = 0$ のとき

図2.20　メータの振れと抵抗の関係

● 零オーム(0Ω)調整回路

電池が古くなって電圧が低下したり，新品の電池に交換して今までより電圧が高くなると，前述したメータの指示も変化し，0Ωを測定端子に接続したときに，正しく0Ωの位置を指示しなくなります．この補正を行うのが，0Ω調整回路です．

0Ω調整回路には，可変抵抗器(ボリューム)が使われており，パネル面に取り付けられた0Ω調整器を回して調整します．

● 抵抗計の回路

抵抗計も電圧計と同様に，極端に大きさの違う抵抗を一つの測定レンジで測るのは無理です．そのため，図2.21のように測定範囲をいくつかに分割して測定します．

● スケールと測定レンジ

図2.22は，抵抗測定用スケールの一例です．抵抗値の選び方は各テスタでまちまちですが，基本的にはこれと変わりません．抵抗計の測定レンジを表すには，最大目盛値(∞にもっとも近い目盛の値10k/1M/10M)で表す場合と，基本スケールの倍数(×1/×100/×1k)で表す場合があります．

図2.21　抵抗計の回路例

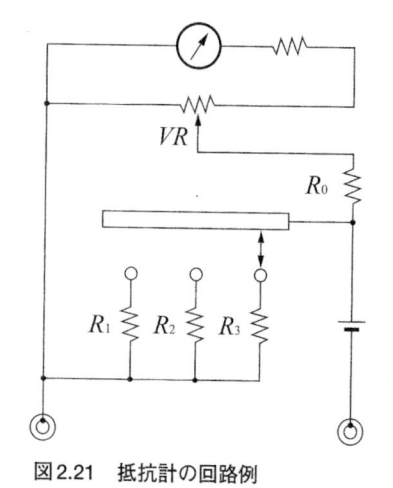

図2.22　抵抗測定用スケールの一例

2.7 パネルおよびスケール板の表示記号

● パネルの記号

(1) ロータリ・スイッチの周囲や測定端子付近の数字

　各測定レンジを最大目盛値(定格値)で表示します．ただし，抵抗レンジのように，×1，×10，×100，×1kで表す場合は，Ωスケールをそれぞれ1倍，10倍，100倍，1000倍にして読みます．

(2) DC V(V⎓) およびDC mA(mA⎓)

　DCは，Direct Current(直流)の略です．したがって，DC Vは直流電圧測定レンジで，単位はボルト(V)です．DC mAは直流電流測定レンジで，単位はミリアンペア(mA)です．⎓は，直流の記号です．

(3) AC V(V〜)

　ACは，Alternating Current(交流)の略です．したがって，AC Vは交流電圧測定レンジで，単位はボルト(V)です．〜は，交流の記号です．

(4) Ω

　抵抗測定レンジを表します．

(5) 0Ω・ADJ

　ADJはAdjuster(調整器)の略で，零オーム調整器です．"0Ω"，"Ω・ADJ"などとも表します．

(6) (+),(−)

　測定端子の極性で，テスト・リードの赤を(+)に，黒を(−)に接続します．

(7) (−)COM

　マイナスの共用端子です．ロータリ・スイッチ式テスタの一般測定では，(+)(−)の測定端子を使用します．電圧では約1500V以上，電流では1A以上になると，スイッチの絶縁や電流容量の関係で専用

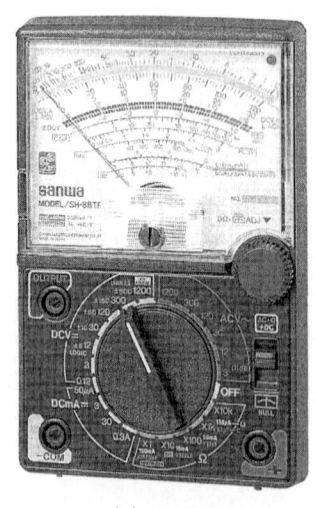

(a) SH-88TR　　　(b) EM7000

写真2.5　テスタのパネルの例

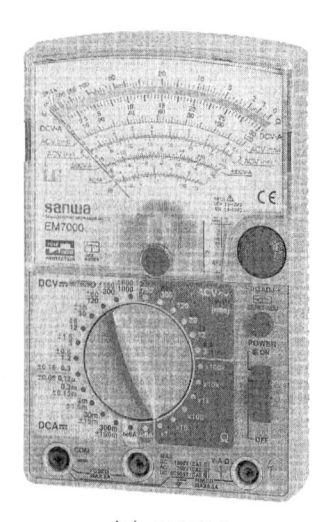

端子を設けます．このような場合，(−)端子を共用端子としてこれらの専用端子との間で測定を行います．共用端子であることを明示する目的で，(−)端子にCOM(Commonの略)をつけます．

(8) BUZZ ·))

回路の導通試験をするレンジです．導通があるとブザーが鳴りますが，数百Ω以上の回路抵抗があると動作しません．

(9) POL(Polarityの略)

極性反転スイッチです．通常は(+)側にしておき，メータが逆側へ振れたとき(−)側に切り替えます．

(10) HV(PROBE)

高圧プローブを接続して，テレビのアノードなどの直流高電圧を測定するレンジです．一般的に，直流電流(μA)レンジに高圧プローブを接続して測定します．

(11) OUTPUT

直流分に重畳した低周波信号を測定する場合，直流分を取り除くために0.1 μF 400WVくらいのコンデンサが使われます．このコンデンサが接続されている端子を示す記号です．

(12) OFF

ロータリ・スイッチをこの位置に合わせると，測定回路が外部としゃ断されます．テスタによっては，メータがショート状態になります．

(13) ×1, ×10, ×100

抵抗レンジに付記された電流値は，そのレンジで抵抗測定時に流れる電流の最大値を表します．

(14) BATT $\boxed{\substack{1.5V \\ RL10\Omega}}$

"Battery"の略で，電池の消耗度合をチェックするレンジです．付記してある"$R_L = 10\Omega$"はそのレンジの内部抵抗(負荷抵抗)です．

(15) h_{FE}

トランジスタの電流増幅率の測定レンジを表します．

(16) C

コンデンサの容量測定レンジの表示に使われます．Cは"Capacitor"の略で，μFは容量の単位です．

(17) TEMP

"Temperature"の略で，温度測定のレンジを表します．温度の単位℃で表すこともあります．

●スケール板の記号

スケール板にはパネルの記号と同様のことが表記されているので，一部の説明にとどめます．図2.23を参照してください．

(1) Ω

抵抗測定レンジ用で，抵抗の単位で表します．

(2) DCV・A

直流電圧および直流電流測定共用のスケールです．単に，V・mAとかV・Aだけで表すことも多くあります．

(3) ACV(rms)

正弦波の交流電圧を実行値で測るためのスケールです．

(4) ACV(p-p)

正弦波や正弦波交流以外の歪波交流の交流電圧を最大値・最小値間の電圧(ピークTOピーク)値で測るためのスケールです．

(5) ±DCV・A

電圧極性，電流方向が一定しない回路での，直流電圧および直流電流測定共用のスケールです．

(6) AC6A

6A以下の交流電流を測るためのスケールです．

(7) dB

低周波出力測定用のスケールです．dBはdeci Bell(デシベル)の略で，スケール板右下のdB加算表を用いてdB値を求めます．

2.8 スケールの読み取り方

スケール板には何本もスケールがあり，測定レンジが変わるごとにスケールと数字を読み分けます．特定の測定レンジを除いては，代表的なスケールに定められた倍数をかけて指示を読みます．

表2.3は，図2.24(a)のテスタを各レンジに切り替えて測定すると，同図(b)に相当する指示であったと仮定し，真値を求めたものです．

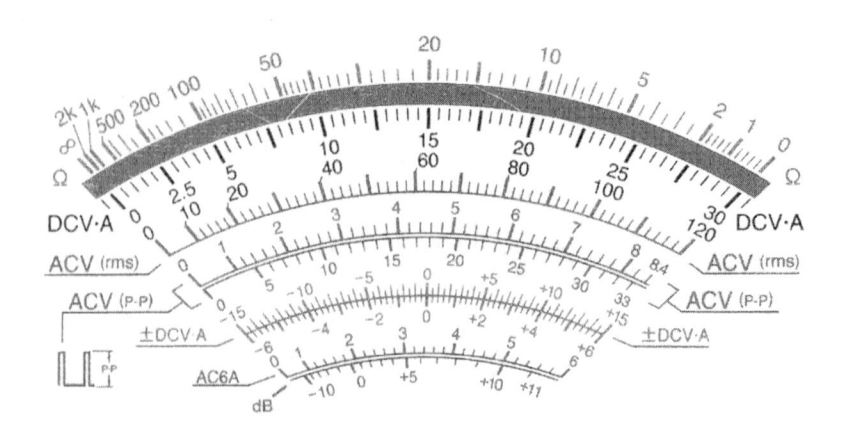

図2.23 スケール板の記号

表2.3 指示値に対する実際の値

	測定レンジ （スイッチ位置）		スケール			倍　数	測定値 各レンジ（1～14）に切り替えて，図2.24に示すような指示があったときの真値.
			スケールの種類		数字列		
			*	種　類			
1	ACV	600	2	V・A	0～60	10	25V×10＝250V
2	ACV	300	2	〃	0～300	1	125V×1＝125V
3	ACV	120	2	〃	0～12	10	5V×10＝50V
4	ACV	30	2	〃	0～300	0.1	125V×0.1＝12.5V
5	ACV	12	2	〃	0～12	1	5V×1＝5V
6	Ω	×1k	1	Ω	2k～0	1k	28Ω×1k＝28kΩ
7	Ω	×10	1	〃	2k～0	10	28Ω×10＝280Ω
8	Ω	×1	1	〃	2k～0	1	28Ω×1＝28Ω
9	1.5V		3	1.5V	1.0～2.0	1	1.32V×1＝1.32V
10	DCA	0.3	2	V・A	0～300	0.001	125A×0.001＝0.125A
11	DCA	30m	2	〃	0～300	0.1	125mA×0.1＝12.5mA
12	DCA	60μ	2	〃	0～60	1	25μA×1＝25μA
13	DCV	0.3	2	V・A	0～300	0.001	125V×0.001＝0.125V
14	DCV	3	2	〃	0～300	0.01	125V×0.01＝1.25V
15	DCV	12	2	〃	0～12	1	5V×1＝5V
16	DCV	30	2	〃	0～300	0.1	125V×0.1＝12.5V
17	DCV	120	2	〃	0～12	10	5V×10＝50V
18	DCV	600	2	〃	0～60	10	25V×10＝250V
19	DCV (NULL)	±30	3	±DCV	−30～＋30	1	−5V×1＝−5V
20	DCV (NULL)	±6	3	〃	−6～＋6	1	−1V×1＝−1V

＊：スケール上段からの順序

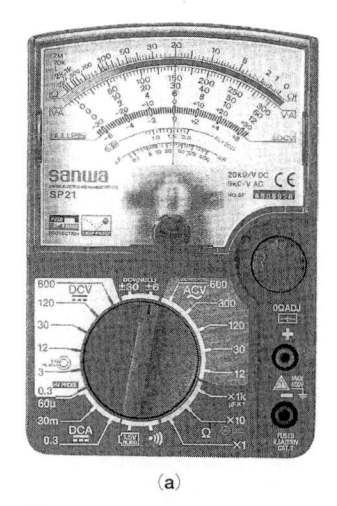

(a) (b)

図2.24 スケールの読み取り方

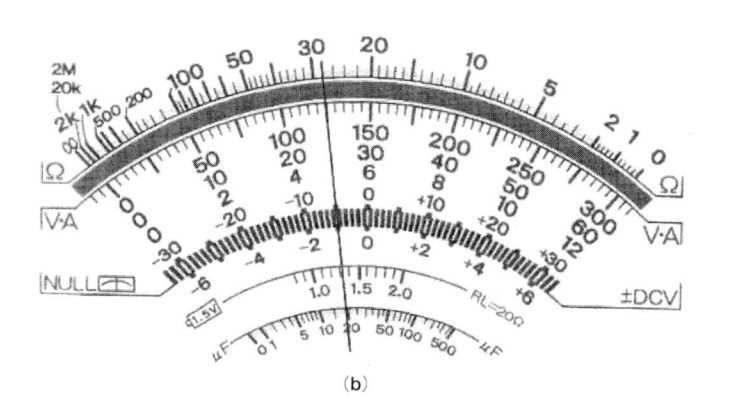

第3章
ディジタル・マルチメータの動作原理

　数字表示タイプのテスタを一般的にディジタル・マルチメータ(DMM)と呼んでいます．本章では，ディジタル・マルチメータを使う前の予備知識として，その構造，回路構成，確度の表し方，用語の意味などについて説明します．
　ディジタル・マルチメータは，半導体の発達とともに急速に普及してきました．特に，IC(集積回路)やLSI(大規模集積回路)の発達で，"ディジタル・マルチメータは確度は高いが，大型で値段も高い"というそれまでのイメージを一新しました．単3(R6)型電池を使用した小型で携帯性に優れ，電池の寿命が1000時間以上あるものや，ボタン電池で動作し，さらに小型，薄型の手帳サイズのものなど，低価格でアナログ・テスタと同等に扱うことができるようになっています．ここでは，テスタと呼べる程度の普及品を対象に解説します．
　ディジタル・マルチメータに関する規格は，アナログ・テスタと同じ「JIS C 1202：2000」が適用されます．ディジタル・マルチメータに関する規格は，ディジタル・マルチメータの急速な普及に伴い，改定された「JIS C 1202：2000」に追加されました．
　まず，ディジタル・マルチメータの基本原理であるA-D変換から説明します．

3.1　ディジタル表示について

　図3.1に示すように，アナログ量を連続的な傾斜面にたとえれば，ディジタル量は階段状の斜面にたとえることができます．また，アナログ量を計算尺に，ディジタル量をソロバンにたとえて説明することもできます．

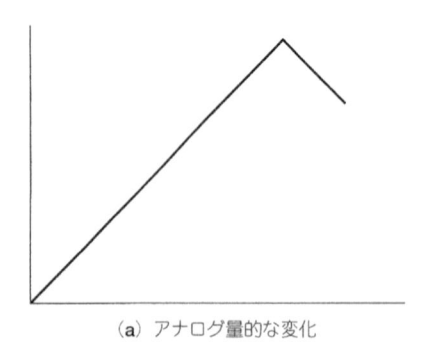

(a) アナログ量的な変化 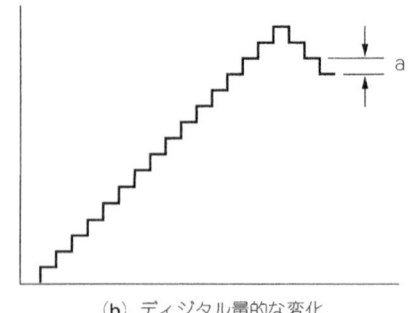　　　(b) ディジタル量的な変化

図3.1　アナログ量とディジタル量

これはディジタル量が段階的に増減し，最小単位"a"があるのに対し，アナログ量は連続的に増減し，最小単位がないということを意味しています．このような説明をすると，一見，アナログ表示のほうが正確であり，ディジタル表示のほうが読み取りが雑で不正確であるかのように思えます．しかし，アナログ量を電気的に極めて小さく細分化し，ディジタル量に変えて(A-D変換)ディジタル表示を行えば，原理的には5桁でも6桁でも読み取りが可能になります．

A-D変換は，IC(集積回路)やLSI(大規模集積回路)を使用することで，簡単に実現できます．これに対して，アナログ・テスタ上で，肉眼で判読できる値の桁数は，4桁が限度です．

3.2 OPアンプの基本回路

● OPアンプとは

"OPアンプ"とはオペレーショナル・アンプリファイア(演算増幅器)の略です．FETやトランジスタなどを使用して，高利得(高ゲイン)を得られるようにした直流増幅器です．

現在は，図3.2に示すようにIC化され，非常に使いやすくなっています．OPアンプは理想増幅器ともいわれ，次にあげる増幅器の理想に近い特性を持っています．

1) 電圧利得(ゲイン)が無限大
2) 入力インピーダンスが無限大
3) 出力インピーダンスがゼロ
4) 周波数帯域幅が無限大
5) オフセット電圧，オフセット電流がゼロ

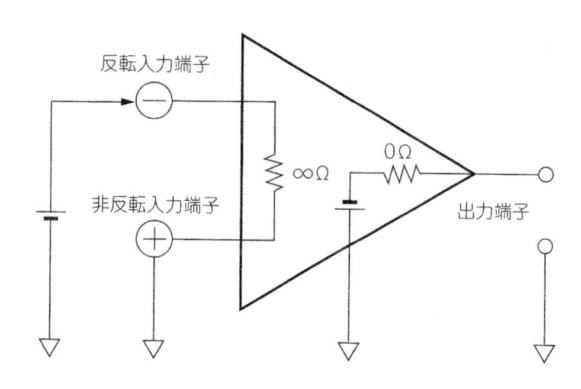

図3.2 OPアンプの特性

●反転増幅回路

図3.3は，OPアンプを使用したもっとも基本的な反転増幅回路を表しています．名前が示すとおり，この回路では入力端子(−)に(+)の電圧が加わると，出力端子には(−)の電圧が発生します．また，入力端子(−)の電位は，OPアンプの利得が非常に大きく，しかも出力は反転されるのでR_2を通してフィードバックされ，常に入力端子(+)と同電位に抑えられます．

したがって，入力端子(−)は接地された入力端子(+)と同じ0電位ということになります．さらに，(+)(−)端子間のインピーダンスが無限大であることから，OPアンプには電流がまったく流れ込みません[注1]．

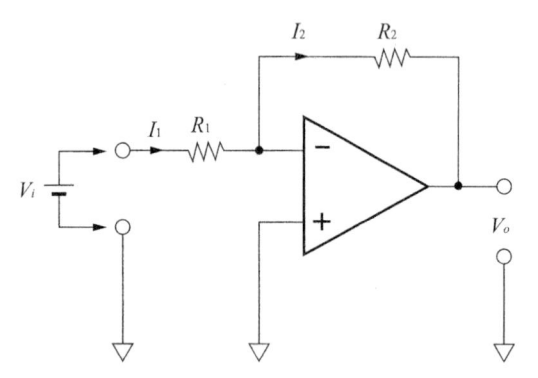

図3.3 反転増幅回路

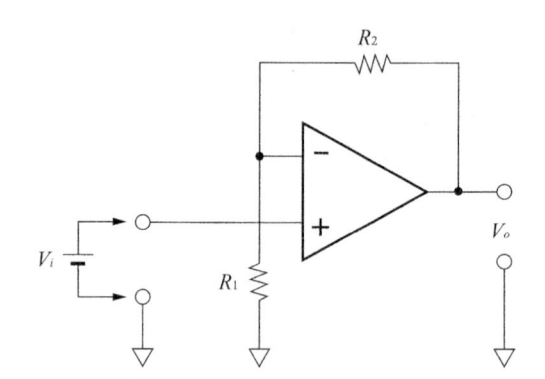

図3.4 非反転増幅回路

これがOPアンプ回路の一つの特長であり，この性質をバーチャル・ショート(仮想接地)と呼んでいます．これを念頭において，入力端子(−)にR_1を通して電圧V_iを接続したときの電圧と電流との関係を調べてみます．

$$I_1 = \frac{V_i}{R_1} \qquad I_2 = \frac{V_i}{R_1}$$

また，$I_1 = I_2$から$\frac{R_2}{R_1} = \frac{V_o}{V_i}$となり，$\frac{R_2}{R_1}$がこの回路の増幅度になります．

●非反転増幅回路

図3.4に示す回路は，入力端子(+)に入力電圧V_iを加えるので，出力電圧V_oの極性は反転しません．しかし，バーチャル・ショートの性質から，R_1の端子電圧はV_iの値と一致し，

$$V_o = \frac{R_1 + R_2}{R_1} \cdot V_i$$

となります．この式を変形すると，

注1：これは想像上の理想的なOPアンプの場合であって，実際のOPアンプではわずかな電流が流れる．

$$\frac{R_1 + R_2}{R_1} = \frac{V_o}{V_i}$$

となり，$1 + \dfrac{R_2}{R_1}$ がこの回路の増幅度となります．

● 積分回路

理論が複雑なので説明は省略しますが，**図3.5**が積分回路です．入力電圧 V_i に対し出力電圧 V_o は，

$$V_o = -\int_0^t \frac{V_i}{R \cdot C} dt$$

となり，V_i を接続している時間 t とともに上昇します．

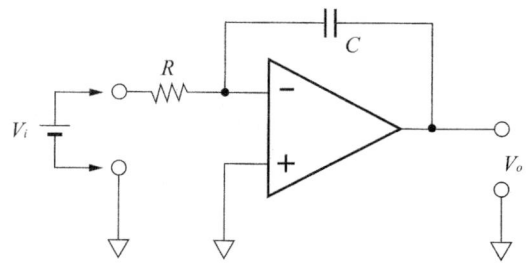

図3.5　積分回路

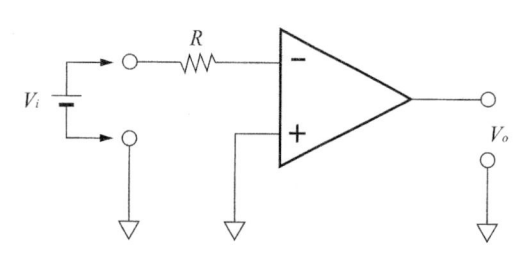

図3.6　コンパレータ

● コンパレータ（比較器）

フィードバック回路をつけないOPアンプは，一種のコンパレータとして動作します（**図3.6**）．OPアンプの利得（ゲイン）は"無限大"ですから，フィードバックがなければ，わずかな入力電圧 V_i があっても，出力電圧 V_o は飽和値に達します．

入力電圧 V_i が（＋）なら出力電圧 V_o は（－）に，V_i が（－）なら V_o （＋）に飽和します．これを利用して入力端子（＋）（－）間の電位差の極性を判別することができます．

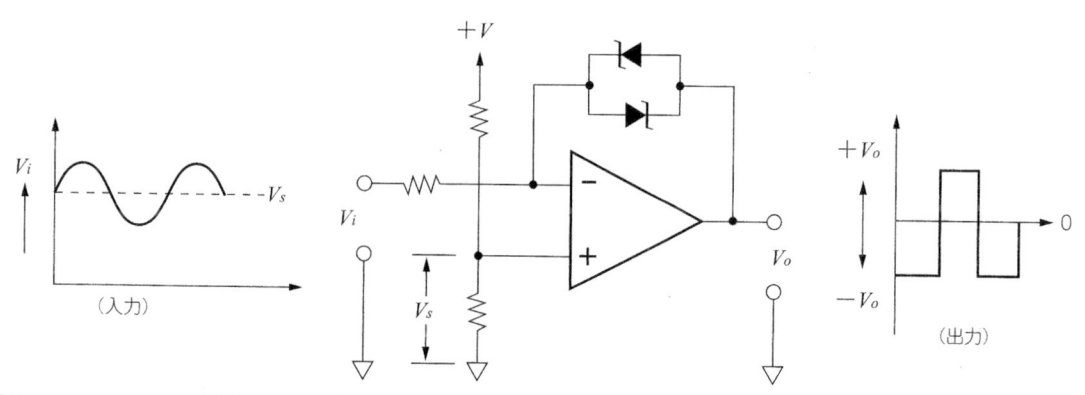

図3.7　コンパレータの入力対出力の関係

次に，図3.7では（＋）端子を基準電圧$+V_s$にバイアスし，入力電圧V_iのとき（－）出力を得るという比較ができます．このことは，入力電圧V_iが基準電圧V_sに対し（＋）側へ横切った瞬間に，（－）または（＋）の信号を出力するということになります．これがコンパレータの原理です．

3.3　A-D変換方式

現在，ディジタル・マルチメータでは，主に二重積分方式とデルタ-シグマ（Δ-Σ）方式のA-Dコンバータが使用されています．ここでは，各方式について説明します．

● 二重積分方式

ディジタル・マルチメータのA-D変換回路は，電圧や電流などのアナログ量をディジタル量に変換するための重要な部分です．

A-D変換回路には，いろいろな方式があります．もっとも多く利用されているのは，二重積分回路です．LSI化された二重積分回路もありますが，ここでは図3.8によってその原理を簡単に説明します．

まず，入力端子にE_xの電圧を加えると，E_x/Rに相当する電流Iが抵抗Rに流れます．この電流IはOPアンプで反転され，出力端子から$-I$となって流れ，コンデンサCを充電します．OPアンプの（＋）（－）端子間のインピーダンスは∞ですから，Rを通った電流IがそのままCに流れ込んだことになります．

次に，Cの端子電圧，すなわちOPアンプの出力電圧E_oについて調べると，図3.9(a)のようにIの流れ込む時間tに正比例して下降することがわかります．ここで，時間t_1後に入力電圧E_xを切る（OFFする）と，出力電圧はE_xを切った瞬間の電圧$-E_o$で保持されます．

同様に，入力電圧E_{x1}，E_{x2}，E_{x3}について調べると，図3.9(b)に示すように，入力電圧に正比例した出力$-E_{o1}$，$-E_{o2}$，$-E_{o3}$が得られます．なお，図3.8は反転増幅回路ですから，この説明では出力E_oは入力E_xに対して逆の極性（入力が$+E_x$のとき，出力は$-E_o$）となります．

さらに，入力E_xとして，$+E_{x1}$をt_1秒間加え，次の瞬間から$-E_{x2}$をt_2秒間加えてみます．出力は，図3.10に示すようになります．この図で出力E_oが0になる点(P)に着目すると，図3.9(b)の性質から$E_{x1} \cdot t_1 = E_{x2} \cdot t_2'$の関係が導き出されます．

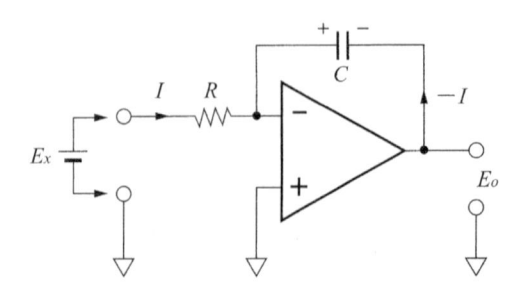

図3.8　積分回路の説明

図3.9 積分回路の出力特性

図3.10 二重積分回路

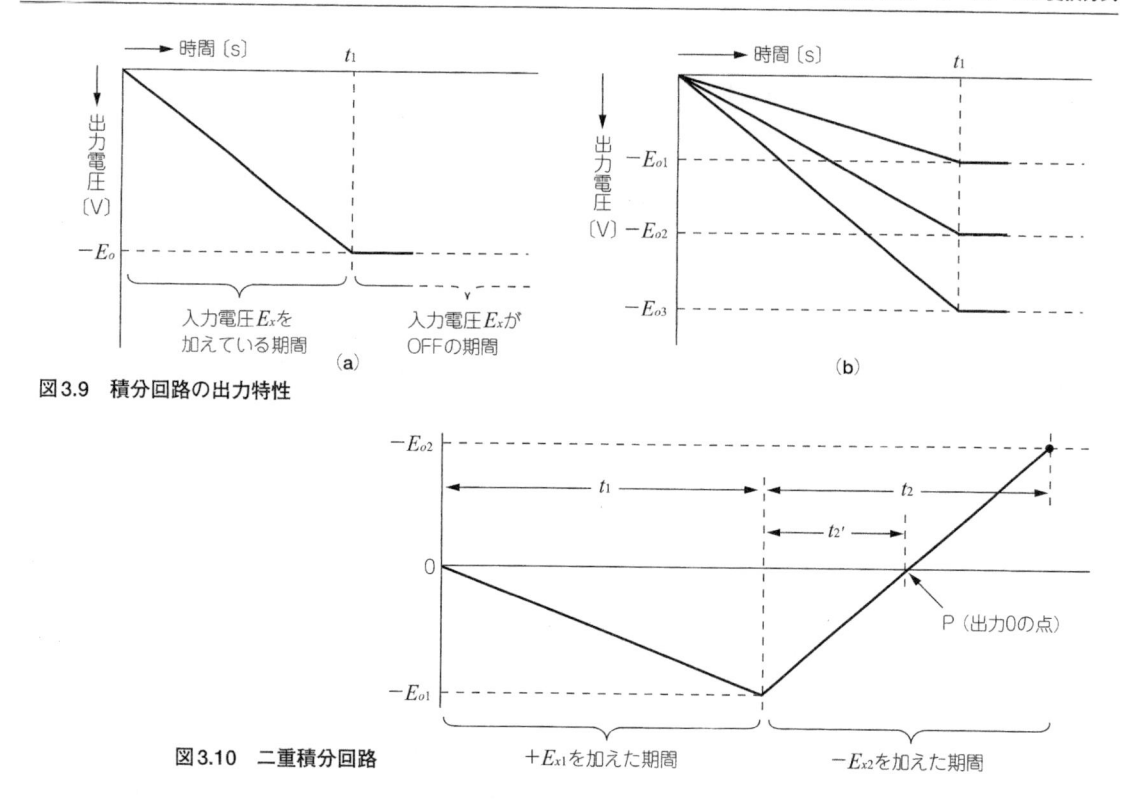

もし，t_1 および E_{x2} が値のわかっている一定値であれば，t_2' を測ることによって，E_{x1} は $E_{x1} = \dfrac{t_2'}{t_1} \cdot E_{x2}$ によって求められます．二重積分回路はこの性質を利用したものです．図3.11によって動作を改めて説明します．

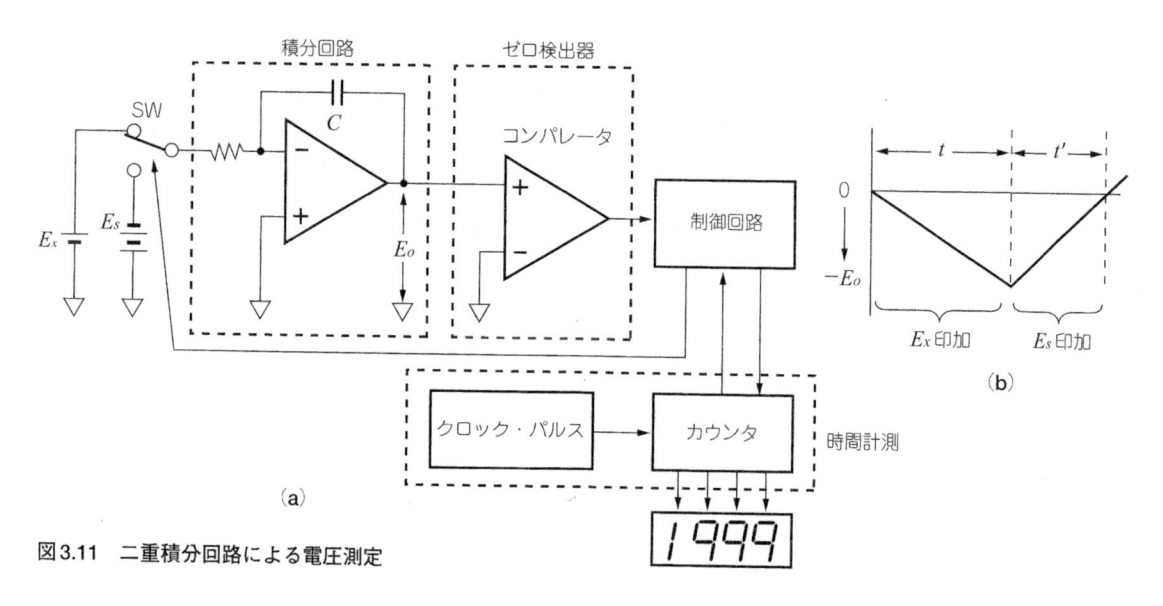

図3.11 二重積分回路による電圧測定

まず，E_x（被測定電圧）を加えると同時に，制御回路はカウンタ（時間の計測）のスタートを指令します．E_xにより積分回路の出力E_oは負側に下降し，コンデンサCも負に充電されます．カウンタがスタートしてt秒後，制御回路はSWをE_xからE_s（標準電圧）側に切り替える指令を出します．カウンタ自身は，改めて0から時間の計測を開始します．

　E_sがE_xに対し逆極性なのでCは放電し，積分回路の出力は0に向かって上昇します．E_sに切り替えてt'秒後，Cの電荷がなくなり，$E_o = 0$となった瞬間，ゼロ検出器（コンパレータ）は信号を発します．これを受けて制御回路はカウンタを停止させ，この時点の計測時間t'を表示器に表示します．先に説明したとおり，計測時間t'はtおよびE_sが一定であれば，E_xに比例した値になります．

　ここで，時間の計測には，クロック・パルスとディジタル・カウンタを使用します．クロック・パルスは非常に正確な周波数のパルスですから，このパルス数をディジタル・カウンタで計測することにより，時間tおよびt'が求められます．

　ここでは，パルス数を時間に換算しないで次の計算を行います．図3.11(b)で，時間tにおけるパルス数を2000（一定値），E_sを2.000 V（一定値）とし，E_xの計測時間t'に対応するパルス数が1500であるとすれば，

$$E_x = \frac{t'}{t} \cdot E_s = \frac{1500}{2000} \times 2.000 [\mathrm{V}] = 1.500 [\mathrm{V}]$$

となり，パルス数の計測によりE_xの値を知ることができます．この例では，パルス数を1500として計算しましたが，E_xとE_sとの比率を考慮して適当な位置に小数点を付け，1.500として表示器で表示すれば，それを[V]単位でそのまま読み取ることができます．これがディジタル・マルチメータの原理です．

● デルタ-シグマ（Δ-Σ）方式

　高分解デルタ-シグマ（Δ-Σ）A-D変換器は，デルタ-シグマ変調器の技術で設計されています．継続的なアナログ信号は，入力信号の帯域幅よりはるかに高いサンプリング・レートでデータを抽出します．

　デルタ-シグマ変調器は，入力信号を一連の1ビット・コードに変換します．そしてより高分解能のディジタル出力にするために，これらの1ビット・コードは，高周波の量子化雑音を除去するためのディジタル・フィルタに通されます．この方法は，高分解能のディジタル・マルチメータで用いられています．この種類のA-D変換器はアナログ部分で1ビットを量子化するため，非常に良好な直線形になります．この方式は，コモン・モード除去比（CMRR）が非常に高く，コモン・モード信号を有効に減少させることができます．

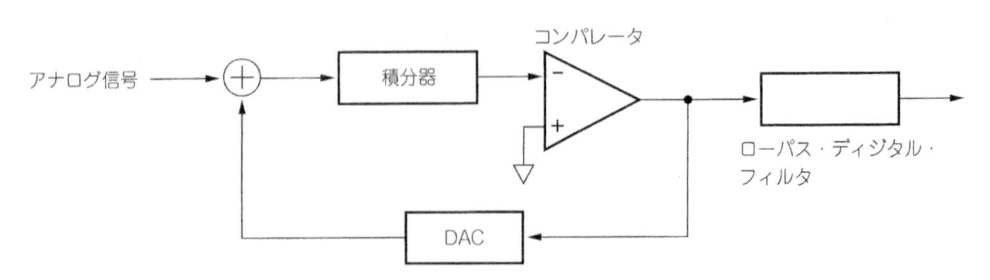

図3.12　デルタ-シグマA-D変換器の構成

デルタ-シグマA-D変換器の簡略図を，**図3.12**に示します．積分器，コンパレータ，1ビットのD-A変換器(DAC)およびローパス・ディジタル・フィルタで構成されています．

アナログ信号は連続的に抽出され，予測された電圧で引き算されます．この信号の違いが積分器へ送られ，ディジタル出力を検出するために，リファレンス電圧と信号がコンパレータで比較されます．このディジタル出力は，1ビットD-A変換器によってアナログ信号($+V_{ref}$または$-V_{ref}$)に変換され，次に積分器へマイナスにフィードバックされます．

入力信号の変化がサンプリング速度よりはるかに遅い場合，デルタ-シグマ変調器によって得られた平均電圧は，入力信号と非常に近い電圧になります．いくつかの分解能では，それらは同等とみなされます．したがって，コンパレータからの1ビットの出力データは，$\pm V_{ref}$アナログ信号値と同等ということになります．ディジタル・フィルタにより，超高分解能のディジタル・コードを得るために1ビット・データは破棄されます．

3.4 カウンタ

●2進数

カウンタ回路を説明する前に，2進数の説明を簡単にします．ディジタル回路を扱う上で，2進数は不可欠な要素です．

日常的に使用している10進数は，0，1，2，3，4……と数を表しますが，2進数は1と0だけで数を表します．2進数では，1の次はすぐ桁上がりして10です．見かけ上は"じゅう"ですが，10進数の"じゅう"とは異なり"2"に相当する値です．この関係を**表3.1**に示します．

2進数は，各桁を1と0だけで表せるところに意味があります．**表3.2**に示すように，2進数は1を有，0を無，1をON，0をOFFなどと置き換えても，容易に表すことができます．

表3.1　2進数と10進数

10進数	2進数
0	0
1	1
2	10
3	11
4	100
5	101
6	110
7	111
8	1000
9	1001
10	1010

表3.2　2進数の表現方法

1	0
有	無
ON	OFF
高	低
H	L

● 2進数と電圧レベルとの対応

電圧レベルの高いほう（一般に2.0〜5V）をH，低いほう（一般に0〜0.8V）をLとし，2進数に対応させると表3.3のようになります．

表3.3 2進数を電圧レベルで表す

10進数	2進数	電圧レベルで表示
4	100	H L L
5	101	H L H
6	110	H H L

● 2進化10進数（BCD）

10進数の各桁の数を4桁の2進数で置き換えたものを2進化10進数といい，単にBCD（Binary Coded Decimalの略）とも呼ばれます．表3.4のようになります．

表3.4 2進化10進数

10進数	BCD		BCDを電圧レベルで表す	
	10位	1位	10位	1位
10	0001	0000	L L L H	L L L L
11	0001	0001	L L L H	L L L H
23	0010	0011	L L H L	L L H H
89	1000	1001	H L L L	H L L H

● カウンタ

カウンタは，図3.13に示すように，入力信号のパルス数を電圧のHレベルまたはLレベルの形で計測して，一時的に記憶します．回路としては，フリップフロップ回路やシフトレジスタを用います．

これらの回路にはいくつかの出力端子があり，パルス数はその出力端子の電圧レベルHまたはLの組み合わせとしてBCDの形で記憶されます．そして，これらのBCDは10進数に変換されて表示器に表示されます．

2進数やBCDを元の10進数に戻すことをデコードといい，先に説明したアナログ量をパルス化し，2進数にすることをエンコードといいます．

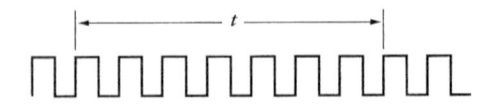

図3.13 カウンタは一定時間内のパルス数を数える

3.5 デコーダと表示器

　A-D変換器でパルス化され，さらにカウンタで数えられ，BCDに符号化された入力信号は，デコーダにより10進数に戻され，表示器に表示されます．最近では，エンコードから，表示器の駆動までの機能を備えたLSIを使用することが多くなっています．

　表示器には，図3.14に示すように液晶式やLED式があり，図示したような"日"字形の7セグメントのものが一般的です．7セグメントの表示器を動作させるための原理は，表3.5で説明しているとおりです．

　図3.15に示すように，4ビット（4桁の2進数）で表されたBCD入力は，デコーダによって表示器の七つのセグメントに対応する七つの出力に変換されます．

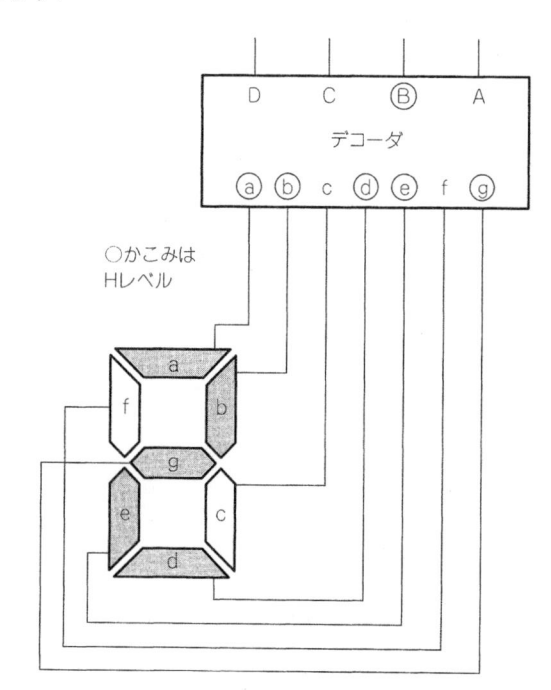

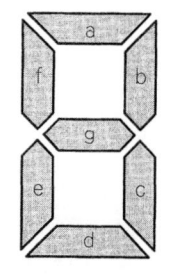

図3.14　7セグメントの表示器

図3.15　表示例 "2"

　そして表3.5では，出力がHレベルである端子に接続されたセグメントを発光させることで，同表右端に示す10進数の図形を表示することを表しています．

　なお，9の次は桁上げの機能が働くように，回路が組まれています．

表3.5 デコーダ出力と表示器の表示

10進数	デコーダ入力				デコーダ出力							表示器の表示
	D	C	B	A	a	b	c	d	e	f	g	
0	L	L	L	L	H	H	H	H	H	H	L	0
1	L	L	L	H	L	H	H	L	L	L	L	1
2	L	L	H	L	H	H	L	H	H	L	H	2
3	L	L	H	H	H	H	H	H	L	L	H	3
4	L	H	L	L	L	H	H	L	L	H	H	4
5	L	H	L	H	H	L	H	H	L	H	H	5
6	L	H	H	L	L	L	H	H	H	H	H	6
7	L	H	H	H	H	H	H	L	L	H	L	7
8	H	L	L	L	H	H	H	H	H	H	H	8
9	H	L	L	H	H	H	H	H	L	H	H	9

3.6 ディジタル・マルチメータの特徴

● ディジタル・マルチメータの長所

ディジタル・マルチメータは，アナログ・テスタと比べると，次のような長所があります．

1) 高確度の製品ができる．
2) 指示の読み換えがなく直読できる．
3) 指示の読み取りに個人差がなく，しかも読み取り値に方向性がない．
4) 電圧のレンジの内部抵抗が高く，各レンジが一定値である．したがって，低電圧レンジの内部抵抗が高く，半導体回路などの測定に適している．
5) 表示器に単位，極性およびスケール・オーバなどの表示が容易に行える．

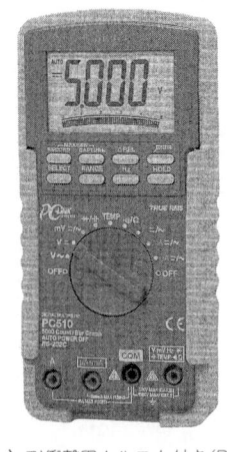

(a) 耐衝撃用ホルスタ付き(PC510)　　　　(b) 手帳型(PM3)

図3.16 ディジタル・マルチメータの例

● ディジタル・マルチメータの短所

1) 動作電源が必要であり，特に電池動作の場合，電池の消耗に注意が必要．
2) 変化する値に対し，指示のチラツキがあって読みづらい．
3) 最大値や最小値を見い出すなど，レベル調整には向かない．

以上のように，ディジタル・マルチメータには長所がたくさんありますが，アナログ・テスタの方が優れているところもあります．

ディジタル・マルチメータの例を**図3.16**に示します．

3.7　ディジタル・マルチメータの種類と測定範囲

● ディジタル・マルチメータの種類

ディジタル・マルチメータを表示の最大表示数(カウント数)で分類すると，1999カウント($3\ 1/2$桁ともいう)，19999カウント($4\ 1/2$桁)，その中間の3200カウントや3999カウント(習慣的に，これも$3\ 1/2$桁という)などになります．

表示器の種類としては，液晶表示器(LCD)と発光ダイオード表示器(LED)が主に使われています．携帯型のテスタの多くは，消費電力の小さい前者のLCDを使用しています．

次に，レンジの切り替え方式ですが，ロータリ・スイッチやプッシュ・スイッチを手で操作するマニュアル・レンジ式と，測定値の大きさにより自動的にレンジが切り替わるオート・レンジ式があります．

一般的にディジタル・マルチメータのレンジ切り替えは，ファンクション・スイッチによる電圧，電流，抵抗などの切り替えと，測定量の大きさによるレンジ切り替えの二つの操作法があります．

(a) 19999カウント　　(b) 1999カウント　　(c) 3200カウント

図3.17　最大表示の例

オート・レンジ式のテスタは，レンジ切り替えを自動的に行うもので，ファンクション・スイッチの操作は手動で行います．使い勝手はオート・レンジ式の方がよいのですが，レンジの桁上がり，桁下がり付近の値の測定が不安定となる欠点があります．この欠点を除くため，一定レンジに固定する(レンジ・ホールド)機能を持つものもあります．

図3.18に，ディジタル・マルチメータの各部の名称を示します．

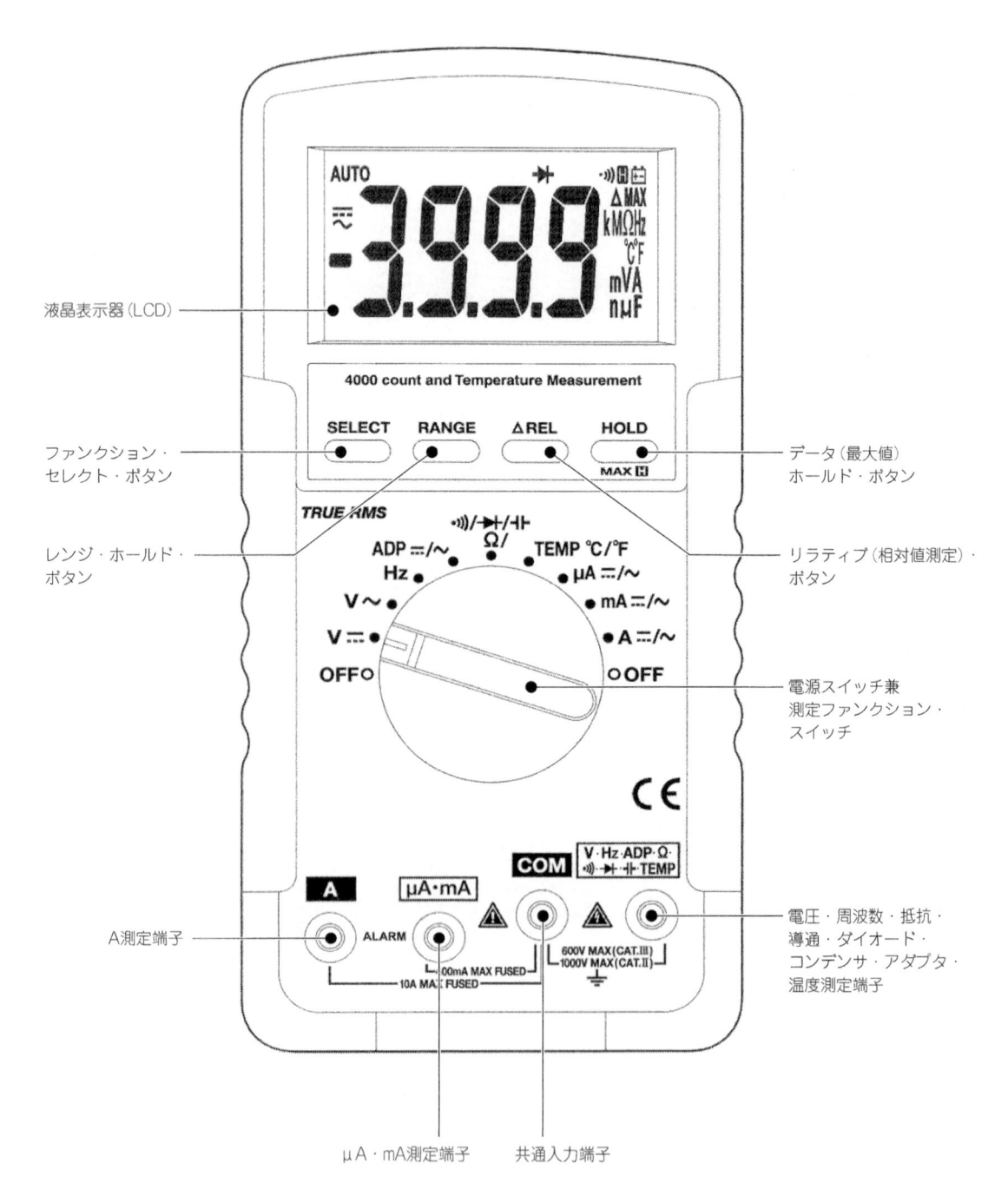

図3.18　ディジタル・マルチメータの各部の名称

●測定範囲と確度の表し方

表3.6は，ディジタル・マルチメータの普及器の測定範囲の一例を示したものです．測定機能としては，表3.6のほかに，ダイオード・チェック（▶︎｜）やブザーによる導通テスト（･))）が行えます．別売のプローブを利用すれば，温度，大電流，高電圧の測定もできます．

表3.7は，ディジタル・マルチメータの普及器の確度（精度）の一例です．アナログ・テスタと比較して，およそ10倍前後の確度があります．この確度の表し方は，アナログ・テスタと異なります．

表3.6 測定範囲の一例

ファンクションなど＼機種名	PM3	PC510
DC V	400m－4－40－400－500	50m－500m－5－50－500－1000
AC V	4－40－400－500	50m－500m－5－50－500－1000
DC A	———	500μ－5000μ－50m－500m－5－10
AC A	———	500μ－5000μ－50m－500m－5－10
Ω	400－4k－40k－400k－4M－40M	50－500－5k－50k－500k－5M－50M

表3.7 確度の一例

ファンクションなど＼機種名	PM3	PC510
DC V	±(0.7%rdg＋3dgt)	±(0.06%rdg＋2dgt)
AC V	±(2.3%rdg＋5dgt)	±(0.5%rdg＋3dgt)
DC A	———	±(0.2%rdg＋4dgt)
AC A	———	±(0.6%rdg＋3dgt)
Ω	±(2%rdg＋5dgt)	±(0.2%rdg＋2dgt)

rdgはreadingの略で読み取り値を，digitまたはdgtは最終桁の数字を表します．また，RNG(rng)はrange(レンジ)の略，fsはfull scaleの略で，最大表示値をそれぞれ表します．

次に表3.7で，DC400Vレンジで真値（標準電圧）100Vを測定した際の確度を考えてみます．まず，PM3型の場合は，真値が100V，レンジが400Vですから，最終桁は0.1Vとなります．したがって，

$$\pm\{100V \times (0.7\%) + 0.1V \times 3\} = \pm(0.7V + 0.3V) = \pm 1.0V$$

となり，測定値（表示値）は100V±1.0Vの範囲内に入っていることになります．

同様に，AC 500Vレンジで測定した場合は，

$$\pm\{100V \times (\pm 0.5\%) + 0.1V \times 3\} = \pm(0.5V + 0.3V) = \pm 0.8V$$

となり，測定値（表示値）は100V±0.8Vの範囲内に入っていることになります．

なお，前記の確度は条件付きで，温度と湿度が規定範囲内（一般的に温度は23℃±5℃以内，湿度は80%以下）であり，確度保証期間内（たとえば，1年，半年などと説明書に記載されている）であることが必要です．そのほかに，説明書に記載されている保証条件を確認する必要もあります．

アナログ・テスタについても，確度については同様の条件がありますが，一般的には説明書などには記入されていないのが現状です．

3.8 表示と用語の説明

●表示器の表示
ディジタル・マルチメータでは，表示器にいろいろな使用状況の表示を行うことができ，測定者に注意を促すことができます．以下，主だったものをあげておきます．

(1) 測定の種類と単位表示
ファンクション・スイッチの切り替えと同時に，表示器の左方に測定機能の種類(AC，DCなど)，右方に単位の種類(mV，V，mA，Aなど)が表示されます．また，レンジにより小数点の位置も移動します．

(2) 極性表示
直流の電圧や電流を測定する場合，測定端子への入力に対して，(＋)または(－)の符号を表示器の左方に表示します．一般的に，(＋)表示は省略されます．

(3) 入力オーバ表示
測定入力が測定範囲を越えた場合，テスタによって"OL"マークの点灯，数字全桁の点滅や最上位桁のみの点灯などで表示されます．なお，抵抗測定レンジの場合は，測定端子がオープン状態でも，"無限大"の抵抗が接続されたことになり，同様の表示が出されます(図3.19)．

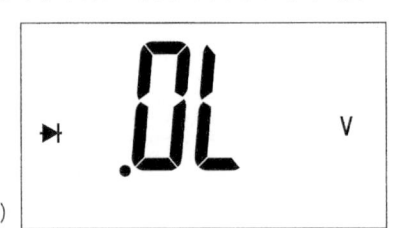

図3.19　入力オーバの表示例
（ダイオード・レンジ）

(4) 内蔵電池消耗表示
電池が消耗して規定以下の電圧になると，"BATT"，▭，"B"マークの点灯，小数点の点滅で表示されます(機種により異なる)．

●パネルの表示文字および記号
図3.20の❶～❿に，ディジタル・マルチメータのパネル面に表記される各種表示文字および記号を示します．

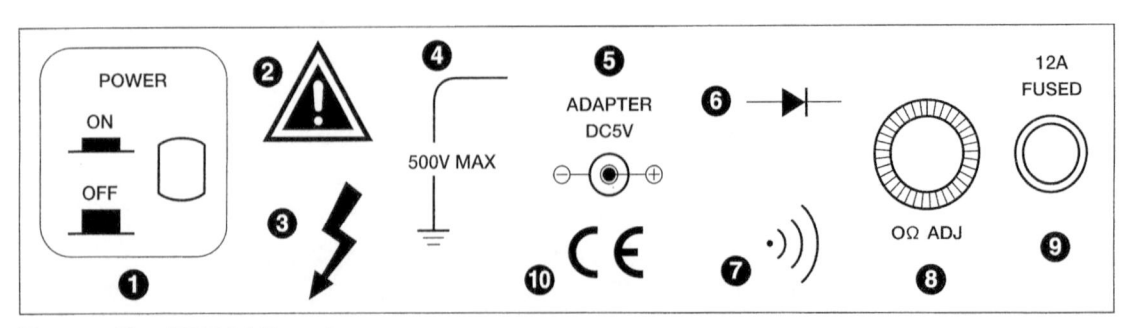

図3.20　パネル表示面の各種マーク

❶は，電源スイッチです．プッシュ・スイッチを押すことで，ボタンが沈んでスイッチが入り(ON)，再度押すと浮上して切れる(OFF)ことを示します．多くの小型のディジタル・マルチメータでは，ファンクション(レンジ)・スイッチにOFF位置を設けることで，電源スイッチを省略しています．

❷は，注意を促すマークです．安全上重要な部分ですから，説明書を熟読してください．図3.21の例では，電流測定端子A-COM間の最大(MAX)許容電流は2Aで，電圧測定端子V-COM間の最大許容電圧は直流が1000V，交流が750Vとなります．これ以上の電流や電圧を加えると，テスタが損傷する，人体に危険をおよぼすなどの問題が起こります．

❸は，高電圧の警告マークです．電圧測定時に感電しないように警告しています．

❹は，コモン・モード(同相成分)の許容電圧が，500Vであることを示しています．一般的に，入力端子(V)とアース(筐体)間に加わる電圧は，表示器には表示されません．この許容値を超える電圧を加えた場合，テスタの回路部品が破損することがあります．

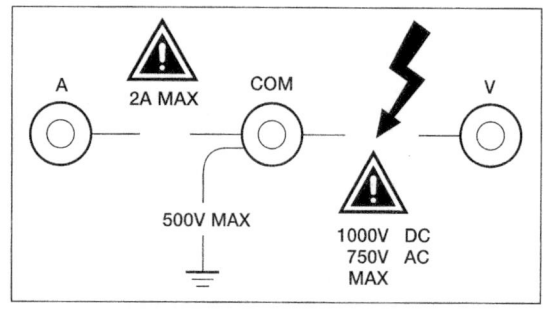

図3.21 許容入力の表示例

❺は，外部電源接続端子です．内蔵電池の代替として，出力電圧DC5VのACアダプタを接続して使用します．

❻は，ダイオードのテスト・レンジを示し，その順方向の電圧降下を表示します．一般的に，シリコン・ダイオードでは0.4～0.6V，ゲルマニウム・ダイオードは0.2～0.4V程度の値となります．この値は，同じダイオードでも使用するテスタの種類により多少異なります．ダイオードの断線や逆方向接続の場合は，OL表示または測定端子解放時の電圧値を表示します．

❼は，導通テスト・レンジです．ブザー音で導通のあることを知らせます．

❽は，0Ω調整つまみです．低抵抗測定時のゼロ残り(テスト・リードをショートしても0Ωとならない)がある場合に使用されます．この機能は，相対値測定(ΔREL)と同じです．

❾は，12Aレンジ専用測定端子で，ヒューズが接続されていることを示します．大電流レンジにはヒューズが未接続のものが多く，誤測定は内部抵抗が小さいだけに危険です．ヒューズのない端子にはUNFUSEDと付記する場合もありますが，ヒューズの有無にかかわらず表示のないものがあるため，注意が必要です．

❿ヨーロッパ連合(EU)には，工業製品に対する各種安全規制があり，その対策品にはCEマークを付けます．これはテスタにも適用され，日本でも準用しています．

⓫図3.22は，オート・レンジ式テスタのパネル表示例です．図(a)の場合，左端のボタン・スイッチが■のときオート(AUTO)レンジ式テスタ，━のときマニュアル(MAN)レンジ式テスタとして動作します．MANレンジ式での選定はDOWN(降下)，UP(上昇)ボタンを押して行います．たとえば，200Vレンジの場合，DOWNボタンを2度押すと，200V→20V→2Vと切り替わり，2Vレンジに設定されます．

図(b)での切り替えは，前記と少し異なります．まず，電源(POWER)をONにすると，表示器にAUTOが表示され，AUTOレンジで動作します．MANレンジに切り替えるには，RNG(RANGE)ボタンを軽く一度押します．AUTOが消えMANレンジ動作となり，最低レンジに設定されます．レンジ切

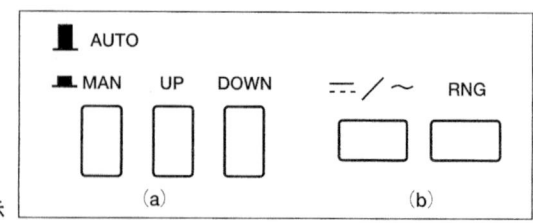

図3.22 オート・レンジ式テスタのレンジ表示

り替えはRNGボタンを軽く押すごとに，$\boxed{\rightarrow 200\mathrm{m} \rightarrow 2\mathrm{V} \rightarrow 20\mathrm{V} \rightarrow 200\mathrm{V} \rightarrow 1000\mathrm{V}}$ のように切り替わります．

どちらのレンジに設定されているかは，表示器の小数点の位置と単位記号から判断します．AUTOレンジに戻す場合は，AUTOマークが表示されるまでRNGボタンを押し続けます．

なお，低価格品では，レンジ固定ができないAUTO専用器があります．═/〜マークは，DC/ACマークで表されることもあり，押しボタンを押すごとに，電圧や電流のレンジが直流に交互に切り替わることを示しています．

⓬ "REL" および "DH" については，次の「用語の説明」の項を参照してください．

●ディジタル・マルチメータに関する用語の説明

ここでは，ディジタル・マルチメータのカタログなどでもよく用いられる用語を説明します．

① フローティング入力

テスタの入力端子(測定端子)が，接地(アース)電位や出力端子などと絶縁されていることをフローティングされているといいます．

② 分解能

分解能とは，測定値を読み取ることができる最小単位です．3桁半(1999)のディジタル・マルチメータの2Vレンジの分解能は，0.001V(1mV)となります．

③ 内部抵抗(入力インピーダンス)

各測定レンジの測定端子から見たインピーダンスです．ディジタル・マルチメータの電圧レンジの内部抵抗は，一般的に全レンジ一定で，DC V，AC Vともに10MΩ程度となっています．

④ サンプリング周期(サンプル・レート)

A-D変換回路が，被測定電圧を1秒間に感知する回数で，テスタでは2回/秒〜3回/秒程度となっています．

⑤ 応答時間

応答時間とは，測定端子に入力を加えた瞬間から，その入力値に対してテスタの確度内に入るまでの時間です．DC V，DC mA，Ωレンジでは一般的に1秒以内，AC VやAC mAレンジは2秒程度となっています．

⑥ 確度保証温度・湿度範囲

各テスタの仕様書の中には測定レンジの確度が記載されていますが，この確度は条件付の値です．一般的に，温度で23±5℃，湿度で80%以下の条件で保証される値です．

⑦ 確度保証期間

確度は，テスタ内部の部品の劣化にともなって低下します．とくに高確度な製品は，この影響の度

合いが大きくなります．

　仕様書に記載されている確度が保証される期間は，製品が出荷されてから6カ月ないし1年間に限定されています．ただし，期間が切れたからといって，必ずしも確度から外れるわけではありません．

⑧ True RMS（真の実効値）

　一般的に交流の測定器では，歪みのない正弦波に限って実効値を指示しますが，歪みがあると不正確になります．

　True RMS表示のテスタは，特殊な演算回路を内蔵しているため，歪みにほとんど影響されません．ただし，数10kHz以上の周波数や波高率が大きい場合は，不正確になる場合もあります．

　測定対象の信号がゼロクロスしていればDC結合方式を，ゼロクロスしていなければAC結合方式を使用する必要があります．

⑨ データ・ホールド（DH）

　データ・ホールド・スイッチを押すと，押した瞬間の表示値を保持し続けます．再度スイッチを押し，ホールド状態を解除するまで，入力を変化させても表示は変化しません．

⑩ ロー・パワー・オーム（Lo Ω，Low Power Ohms）

　シリコン・トランジスタなどのジャンクション（接合部）では，順方向でも約0.2V以下ではほとんど電流が流れません．したがって，抵抗レンジの測定電圧が十分低ければ，シリコン・トランジスタやダイオードが含まれている回路中で，抵抗器を取り外すことなく概略抵抗値の測定ができます．これをインサーキット測定と呼んでいます．なお，ゲルマニウム・ダイオードや，大きい値の電解コンデンサを含む回路では，その漏れ電流が大きいため，正しい測定はできません．ダイオードやトランジスタで区切られない閉回路での測定も同様です．

⑪ オート・パワー・オフ（Auto Power Off）

　電源スイッチを切り忘れた場合でも，電池消耗防止のために，レンジ・スイッチなどを操作した後，一定時間で休止する機能です．

⑫ レンジ・ホールド

　オート・レンジでは，設定値を表示するまでに，レンジ切り替えに要する時間が含まれるため，測定時間が多めになります．また，レンジの桁上がり，桁下がりの際の電圧では，わずかな電圧変動でも表示が著しく不安定になります．RANGE（RNG）ボタンを押して，目的のレンジに固定（レンジ・ホールドという）すると，測定時間が短く安定した測定ができます．

⑬ リラティブ測定（REL）

　相対値測定ともいいます．RELボタンを押すとRELマークが表示され，その直前の表示値が記憶（メモリ）されます．同時に表示値は000となり，以後，測定値はメモリされた値が差し引かれて表示されます．

　この機能を利用すると，メモリ値に対する偏差値を求めたり，部品の選別を行うことができます．抵抗レンジのときには，0Ω調整用としても利用できます．

⑭ 電池寿命

　規定の新品の電池をテスタの電源として使用し，確度保証温度範囲内で，電源スイッチを入れてからBマークが点灯するまでの連続使用時間で表します．

3.9 ディジタル・マルチメータの部品と構成

●部品

写真3.1は，ディジタル・マルチメータの内部の写真です．アナログ・テスタと比較すると，半導体部品が多く見られます．

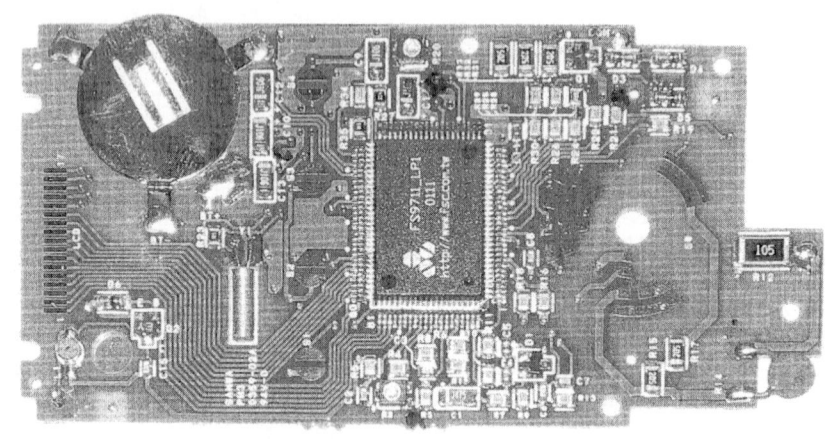

写真3.1 ディジタル・マルチメータの内部のようす

●構成

図3.23は，ディジタル・マルチメータのブロック図です．入力端子(測定端子)に加えられた被測定信号(電圧・電流・抵抗)は，すべてアナログ信号処理回路でその大きさに比例した直流電圧(最大値は，0.2Vまたは0.4Vであることが多い)に変換されます．

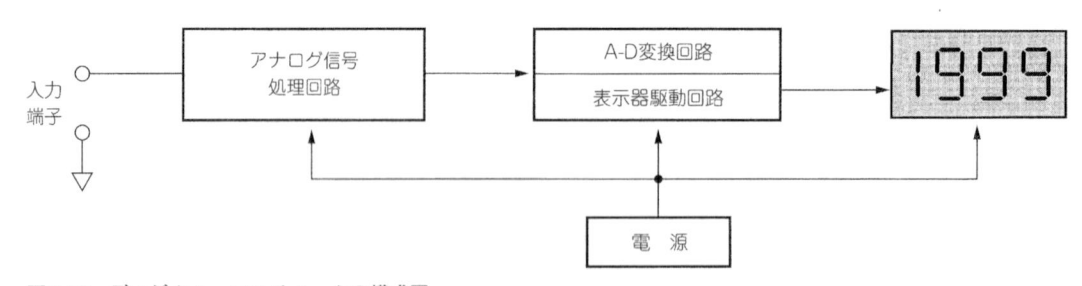

図3.23 ディジタル・マルチメータの構成図

この直流電圧化された被測定信号は，A-D変換回路でディジタル信号に変換され，さらに表示駆動回路の出力信号で表示器を駆動して，数値が表示されます．A-D変換以後の動作に関しては，すでに説明してありますのでここでは省略します．次章では，信号処理回路について項目別に説明します．信号処理回路にはいろいろありますが，直流電圧(DC V)，交流電圧(AC V)，交流電流(AC A)，抵抗(Ω)の四つの機能(ファンクション)を取り上げます．

第4章
ディジタル・マルチメータの測定原理

　本章では，ディジタル・マルチメータの信号処理回路について説明します．実際のディジタル・マルチメータの信号処理回路にはいろいろな機能がありますが，ここでは直流電圧(DC V)，直流電流(DC mA)，交流電圧(AC V)，交流電流(AC A)，抵抗(Ω)の五つの機能(ファンクション)を取り上げます．

4.1　直流電圧(DC V)の測定

● 分圧器(アッテネータ)

　アナログ・テスタの電圧レンジは，倍率器とアナログ・メータ(指示計)との組み合わせでした．ディジタル・マルチメータの電圧レンジは，分圧器とA-D変換器との組み合わせになります．倍率器，分圧器とも同じ抵抗器ですが，組み合わせ方が多少異なります．倍率器の説明は，「2.4 直流電圧計」の項を参照してください．ここでは，図4.1をもとに，分圧器について説明します．

　図に示した例は，入力抵抗が10MΩの分圧器です．入力端子が⊕～⊖側から見た4本の抵抗器の合計値が，10MΩとなっています．入力電圧E_iと出力電圧(A-D変換器に加える電圧)E_oとの関係を調べてみます．たとえば，スイッチ(SW)の位置が④のとき，次の関係が成り立ちます．

$$\frac{E_o}{E_i} = \frac{10\mathrm{k}}{9\mathrm{M} + 900\mathrm{k} + 90\mathrm{k} + 10\mathrm{k}} = \frac{1}{1000}$$

　これは，抵抗器の直列回路に加えた電圧は，抵抗器の大きさの割合で分割される，という法則を元に計算した結果です．同様に③のときには$E_o/E_i = 1/100$，②のときには1/10，①のときには1となります．これが，分圧器の原理です．分圧器は，電圧を減衰させるという意味で，アッテネータ(減衰器)と呼ばれることもあります．

● 直流電圧レンジ(DC V)

　仮に，A-D変換器の入力電圧の最大値を$E_o = 0.2\mathrm{V}$とすると，図4.1でスイッチ(SW)の位置が④のとき，

$$\frac{E_o}{E_i} = \frac{1}{1000}$$

の関係から，

$$E_i = 1000 \times 0.2\mathrm{V} = 200\mathrm{V}$$

E_oの最大入力電圧が0.2Vの場合，
SWの位置が ① のとき0.2Vレンジを使用する
② のとき2Vレンジを使用する
③ のとき20Vレンジを使用する
④ のとき200Vレンジを使用する

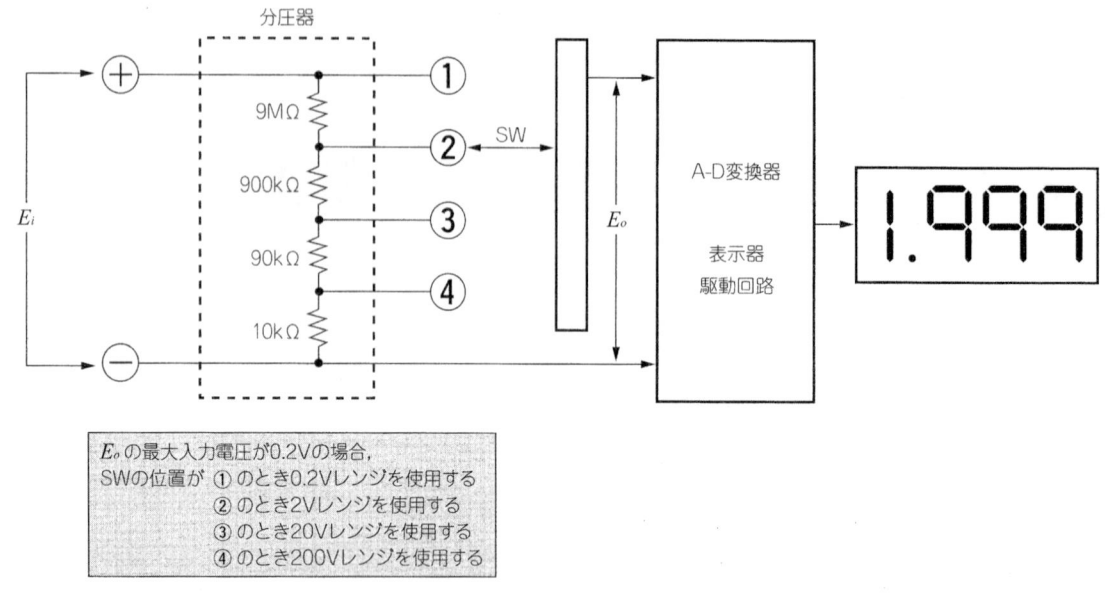

図4.1 分圧器と電圧レンジ

となります．同様に，③ のときは20V，② のときは2V，① のときは0.2Vとなり，それぞれがその値のDC V測定レンジになります．

なお，A-D変換器の入力抵抗は非常に高い値ですから，分圧器と並列に接続しても，分圧の割合にはまったく影響はありません．

ディジタル・マルチメータの電圧レンジは，アナログ・テスタのそれと比較して，入力抵抗が高く，しかもレンジごとに入力抵抗が変化せずに一定であるという特長を持ちます．

したがって，低電圧レンジでは，ディジタル・マルチメータの接続による被測定回路の乱れは，アナログ・テスタよりもずっと少なくなります．

測定方法はアナログ・テスタと同様で，電圧を測定する部分に対して並列に接読します．

●小数点（デシマル・ポイント）

図4.1の例では，SWが ② の位置にあるため，入力端子に2Vを加えると，A-D変換器には0.2Vが加わります．同様に，③ の位置では20Vの電圧が加わったとき，やはりA-D変換器には0.2Vが加わります．0.2V（0.1999V）がA-D変換器に加わると，表示器はレンジに関係なく 1999 を表示します．

したがって，表示を直読するためには，表示器にレンジ切り替えスイッチと連動して点灯する，小数点が必要となります．

たとえば，2Vレンジのときには 1.999，20Vレンジのときには 19.99 のようになります．市販されているディジタル・マルチメータは，すべて電圧，電流，抵抗のいずれも直読式になっています．

4.2 直流電流(DC mA)の測定

ディジタル・マルチメータのDC mAレンジは，数個の分流器とA-D変換器との組み合わせで構成されています．分流器は，A-D変換器に対して図4.2に示すように並列に接続されています．

図において，電圧降下E_o（A-D変換器の入力電圧）を最大0.2Vとしたとき，スイッチの接点①〜④に接続した分流器に流せる最大の電流は，

  ① 1000Ω……0.2mA　② 100Ω……2mA　③ 10Ω……20mA　④ 1Ω……200mA

となり，それぞれがその値を最大値とした測定レンジになります．

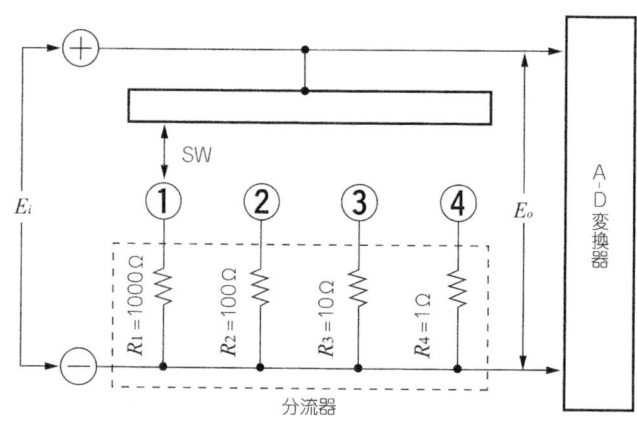

図4.2　分流器と電流レンジ

このように，ディジタル・マルチメータのDC mAレンジでは，分流器の電圧降下をA-D変換器で測定し，$I=E/R$の関係から効果的に電流を測定します．

使用方法はアナログ・テスタの電流レンジと同様であり，電流を測定する部分(回路)に対して直列に接続します．表示器の小数点については，DC Vレンジの項を参照してください．

4.3 交流電圧(AC V)の測定

AC Vレンジは分圧回路，整流回路，A-D変換器の組み合わせで構成されます．したがって，DC Vレンジとは整流回路が付加されただけの違いになります．

整流回路によって，交流電圧が直流電圧に変換され，この直流電圧をA-D変換器で測定して最終的に交流電圧を測定するしくみになっています．

整流回路には，半波整流や全波整流などの方法があります．アナログ・テスタの整流回路と異なるところは，入力対出力の直線性が非常によいということです．これは，OPアンプの特性によるところが大きく，交流入力に対して，直流出力がほぼ直線的に変化します．

図4.3の整流回路は，半波整流回路の一例です．これは，入力端子に交流電圧e_iが加わると，分圧器で分圧された電圧e_oが得られることを表しています．このe_oは整流回路のOPアンプに加わり，その出力が(+)のときにのみダイオードD_2と抵抗R_2に電流が流れます．この電流による抵抗R_2における電圧降下は脈流ですが，R_3，C_3の平滑回路で完全な直流電圧E_oになります．このE_oをA-D変換器で測定することで，結果的に交流電圧を測定したことになります．

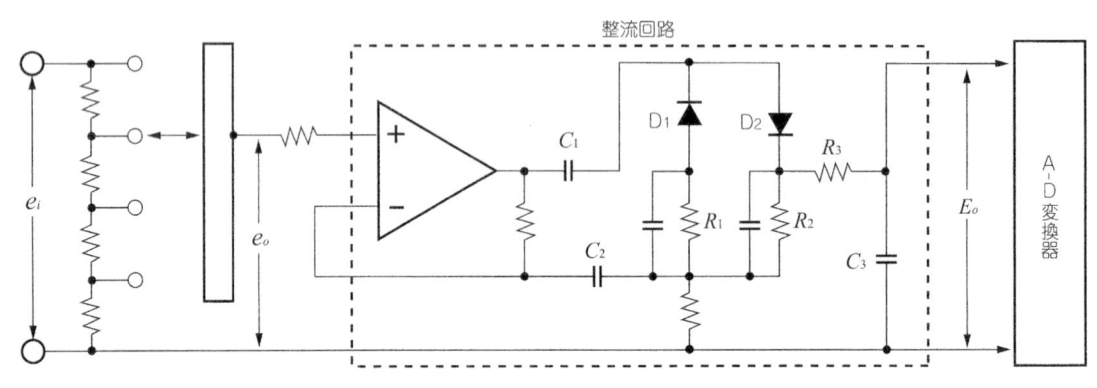

図4.3　整流回路

　AC Vレンジの使用方法は，アナログ・テスタのAC Vレンジに準じます．測定値についても，アナログ・テスタと同様で，正弦波交流の平均値を実効値に換算する方法が一般的です．したがって，正弦波以外の交流では正しい値を表示しません．
　最近は，交流の波形に関係なく，正しく実効値を表示するテスタが市販されており，これらは"真の実効値"とか"True RMS"[注1]などと呼ばれています．
　なお，周波数特性は一般的に，回路構成上数kHz以下(確度の範囲内で)とあまりよくなく，むしろアナログ・テスタの方がよい場合もあります．

4.4　交流電流(AC A)の測定

　交流電流(AC A)測定は，**図4.4**に示すように直流電流(DC A)測定回路に，整流回路が付加された構成になっています．
　交流電圧(AC V)測定と同様に，交流波形を半波整流や全波整流などに整流し，電圧降下の電圧(e_o)を交流電圧(AC V)から直流電圧(DC V)に変換します．

注1：True RMS機でも，波形の歪みが大きく，波高率が大きい場合は誤差が大きくなる．波高率＝3以内が目安となる．パルス列の波高率は，$\dfrac{1}{\sqrt{デューティ比}}$で求まる．

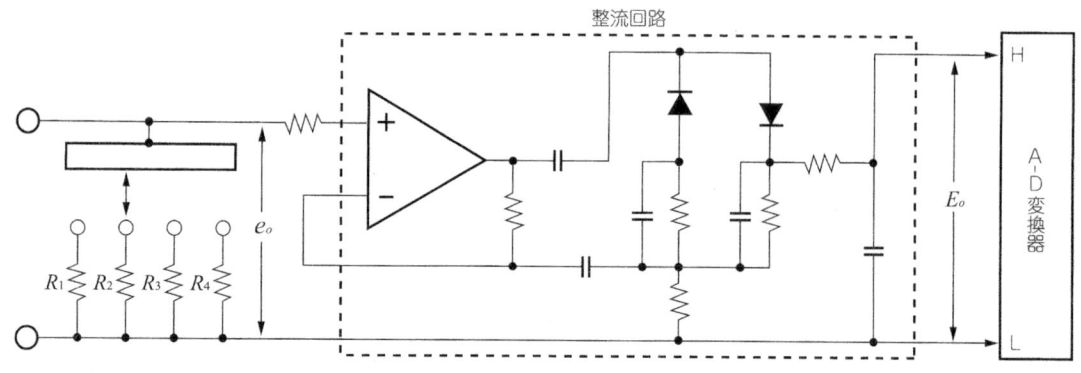

図4.4　交流電流測定の構成図

4.5　抵抗（Ω）の測定

● 測定原理

図4.5は基準電圧 E_s，基準抵抗 R_s，OPアンプの反転増幅器，A-D変換器で構成される抵抗計の一例です．他の方式（比較式など）もありますが，この回路で抵抗の測定原理を説明します．

図の例で入力，出力については，

$$\frac{E_s}{R_s} = \frac{E_x}{R_x}$$

の関係があることは，「3.2 OPアンプの基本回路（反転増幅回路）」の項で説明しました．この関係を変形して，

$$R_x = \frac{R_s}{E_s} \cdot E_x$$

とします．この計算式から E_s と R_s の値がわかっていれば，E_x を A-D 変換器で測定することで，R_x を計算式から求めることができます．

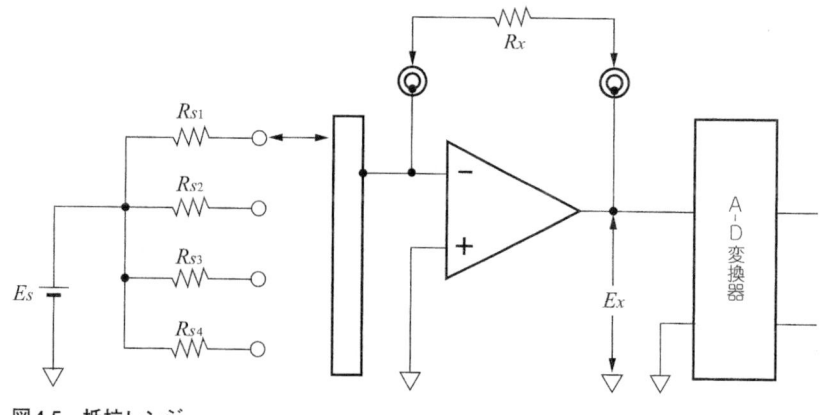

図4.5　抵抗レンジ

実際には回路定数を適当に選ぶことで，抵抗値を直接表示させています．これがディジタル・マルチメータのΩレンジの原理です．

なお，R_sの値を10倍，100倍と大きくすると，R_xの値も10倍，100倍となり，広範囲の抵抗測定が可能になります．図4.5で，E_sは電池の記号で表記してありますが，実際にはダイオードとOPアンプで構成される，定電圧の基準電源です．

● 測定電圧／測定電流

測定端子を開放したときの電圧は，約0.3V〜数Vまでの値を示し，テスタや測定レンジによりさまざまです．測定電流の大きさは，定電流式では被測定抵抗値に関係なく，それぞれのレンジごとに一定で数μA〜数mAです．

比較式ではアナログ・テスタと同様，被測定抵抗の増加に対して電流は減少します．これらの値は，知っておくと便利です．取扱説明書やメーカに問い合わせることで確認することができます．

● 測定電流の方向

アナログ・テスタの抵抗測定レンジでは，測定端子の ⊖ から ⊕ に向かって電流が流れますが，ディジタル・マルチメータでは測定端子の ⊕ から ⊖ へ電流が流れます．

● 高抵抗測定時の注意

高抵抗測定の際に測定リードが長いと，外部からの誘導電圧により表示が不安定になったり，不正確になったりするなどの現象が起こります．

このような場合には，雑音源から離して測定したり，図4.6に示すようにシールド線を ⊕ 測定端子側に使用し，シールド線の外被（網組み）を ⊖ 測定端子側に接続して測定します．このように接続すると，⊕ 測定端子は外部誘導からシールドされるため，安定した測定ができます．

● その他

アナログ・テスタのΩレンジと，測定方法は同様です．また，電圧のかかっている抵抗の測定はできません．

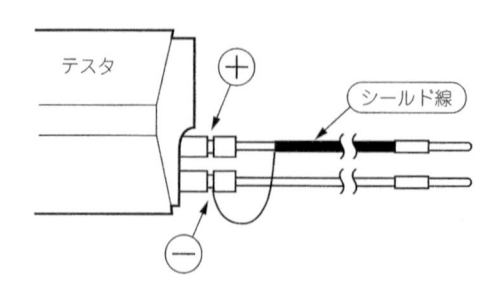

図4.6 高抵抗を測定する場合は ⊕ 入力端子側にシールド線を使用する

4.6 周波数(Hz)の測定

　最近は，パソコンや携帯電話などの普及で，何GHzや何MHzなどという言葉をよく耳にします．このGHzやMHzで表されるのが，周波数です．

　周波数は，1秒間あたりに繰り返される信号の数で，単位はヘルツ〔Hz〕を用います．周波数をf，時間をTとすると，

$$f = \frac{1}{T}$$

という式で表されます．

　一般的な商用電源(交流電圧)も負極性と正極性の信号の繰り返しで，東日本は50Hz，西日本は60Hzとなっています注2．

　測定の原理としては，この繰り返す波の数を数えて画面(液晶表示器)に数値で表示させます．

4.7 コンデンサの測定

　一般的に，ディジタル・マルチメータでは，充放電という手法でコンデンサの容量を測定します．ここでは，その方法について説明します．

　まず抵抗を通して，ある一定の電圧を被測定コンデンサに充電します．次に，被測定コンデンサの容量がある基準電圧値に達したら，今度は0Vになるように電圧を放電します(**図4.7**)．この充放電周期を計算して，被測定コンデンサの容量値を得ます．充放電時間は，被測定コンデンサの容量が大きいほど長くなり，計測時間も長くなります．

　また，この方式は電流を流すため，電解コンデンサ(特に使い古したもの)など，漏れ電流の大きいコンデンサでは，正しく測定することができません．

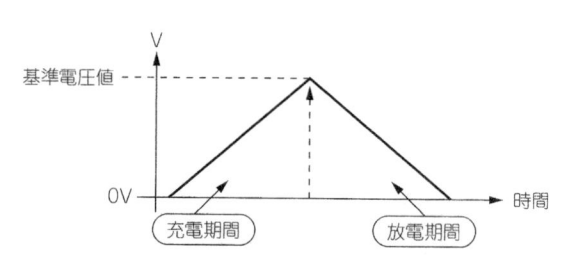

図4.7　コンデンサの充電と放電

注2：原則としてディジタル・マルチメータは，電波の周波数を測ることはできない．

4.8　熱電対温度の測定

熱電対は，異なる2種類の金属線などを先端で組み合わせ（対に接合），両端の温度差による起電力の差を利用して，温度を測定するセンサです．

熱電対で温度を測定する場合は，2種類の金属線が対に接合された先端部分を測定する場所にあてます．逆側を，基準接点からリード線やアダプタなどでマルチメータや電圧計などにつなぎ，起電力を測定します（図4.8）．

熱電対をマルチメータにつなぐ場合は，極性があります．逆にしないように注意してください．

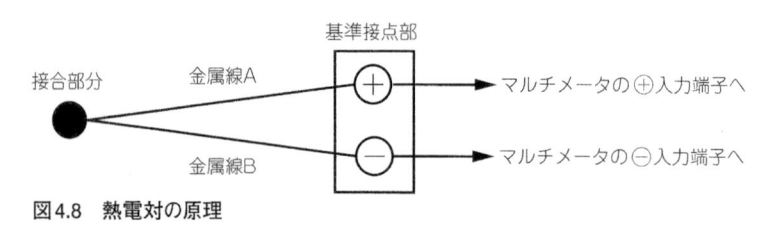

図4.8　熱電対の原理

4.9　回路の保護と電源

● 保護回路

誤操作による過電圧に対しては，ヒューズとダイオードなどによって，ある範囲まではテスタの回路が保護されます．

ディジタル・マルチメータの過電圧保護範囲は，回路構成上アナログ・テスタより広くなっています．目安として，DC VおよびAC Vレンジでは，mVレンジを除いて全レンジ最大測定電圧まで（最大レンジが1000Vレンジなら1000V），Ωレンジでは，200V程度の過電圧まで耐えられます．

電流レンジはアナログ・テスタと同様，内部抵抗が低いため注意が必要です．0.5～2Aくらいのヒューズが使われており，そのしゃ断により回路を保護しています．レンジによっては，過電圧で分流抵抗が焼損する場合もあります．危険ですので，レンジの確認が大切です．

入力抵抗の大きい電圧レンジでは，過電圧に対して抵抗が焼損する心配はありませんが，A-D変換器や整流回路のICに負担がかかり，破損する心配があります．そのため，ほとんどのテスタは，これらのICの入力端子にダイオードによる保護回路を設けています．図4.9はその一例です．

アナログ・テスタのメータ保護ダイオードと同様に，過電圧が加わるダイオードが導通し，規定以上の電圧がICに加わらないようにしています．

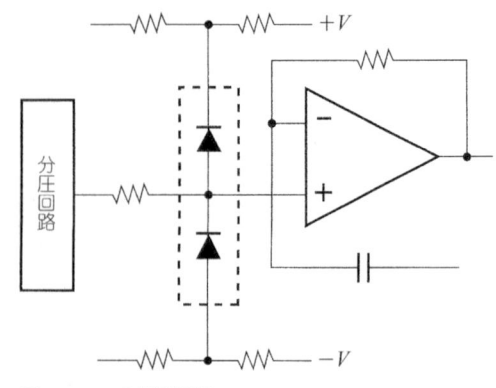

図4.9　ICの保護回路

●電源

ディジタル・マルチメータを動作させるエネルギー源としては，電池や100V電源を使用するACアダプタがあります．大型のディジタル・マルチメータの多くは，この両方に対応した2電源方式です．小型テスタでは，電池だけのものがほとんどです．

電池には，単3型や単4型のマンガン乾電池やアルカリ乾電池を2個〜6個使用するものが多く，手帳サイズのテスタでは，ボタン型電池を2個使用します．また，6F22型の積層蓄電池も使用されています．

ACアダプタは，各メーカによってさまざまで，その機種専用のものを使用する場合が多くなっています．また，特殊な例では，ソーラ電源（太陽電池と2次電池）を使用した，電池交換不要の超小型のディジタル・マルチメータもあります．

4.10　ディジタル・マルチメータの回路例

小型で普及型のディジタル・マルチメータは，LSIの発達により回路が非常に簡略化されています．

図4.10は，オート・レンジ式でDC V，AC V，Ω，⊣⊢の四つのファクション・タイプの普及型ディジタル・マルチメータの回路例です．

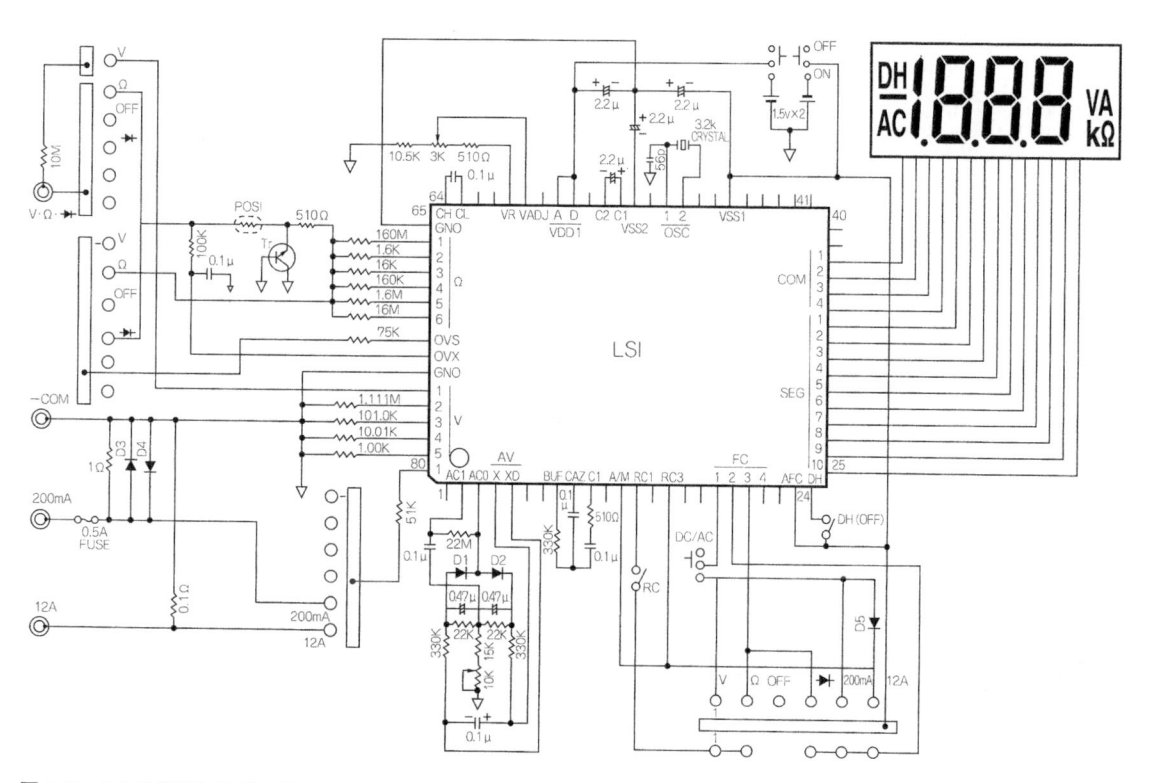

図4.10　LSIを使用したディジタル・マルチメータの回路例

4.11 取り扱い方の注意

ディジタル・マルチメータの測定方法や取り扱い方法は，アナログ・テスタとほとんど同様です．使い方をマスタすれば，とくに難しいことはありません．

扱い方の注意は，以下のとおりです．

(1) ファンクションおよびレンジの確認

オート・レンジのテスタではレンジの確認は不要で，ファンクションのみ確認します．

(2) 測定端子の確認

（＋），（－）端子の他に特別端子のある場合は，注意が必要です．

(3) 値のわからない電圧や電流の測定

手動レンジ式では，一度最大レンジで測定してから，最適なレンジに切り替えます．

(4) 電気的な雑音の発生する装置

溶接機や電力制御装置などの近くで使用すると，表示が不安定になったり，不正確になります．高い周波数の強電磁界のある場所においても同様です．それらの装置からは，極力離れた場所で測定します．また，高抵抗測定時には，誘導などにより表示が不安定になることもあります．その場合は，図4.6に示したようにシールド線を使用して測定すると，安定した測定ができます．

(5) テスト・リード

テスト・リードを回路に接続したまま，ファンクション・スイッチを切り替えると，テスタの故障の原因になるだけでなく危険です．同様に，レンジ・スイッチの切り替えも，テスト・リードを回路から離して行ってください．

(6) 校正と点検

とくに確度を問題にする場合は，少なくとも半年に一回は，メーカに依頼するなどして校正や点検を行ってください．なお，校正を行う場合には，校正する測定器より分解能や確度が一桁以上高い，標準電流／電圧発生器や標準抵抗器を使用してください．

たとえば，3 $1/2$ 桁の測定器の校正には，4 $1/2$ 桁以上の標準電流／電圧発生器を使用します．同じ桁数の標準発生器を用いたのでは，校正の意味がありません．

さらに，周囲温度を確度補償範囲内に保ち，校正側および被校正側ともに電源スイッチを入れ，最低2時間放置します（ウォーム・アップ）．その後，被校正側に電圧や電流を加え，必要に応じて所定の半固定抵抗器を加減して指示を合わせます．

(7) 電源スイッチ

電源スイッチは，使用時にON，使用後は必ずOFFにします．電源として電池を使用する場合，最近は連続1000時間以上の測定が可能なものもありますが，100時間以下のものもあります．電源を入れた状態で放置しておいたために，使用する際に電池の消耗で動作しないなどということにならないよう，電源はこまめに切るように心がけてください．

(8) 電池の交換

電池が消耗し始めたら，電池の漏液からテスタを守るために，早目に交換します．また，複数個の電池はすべてを一度に交換してください．

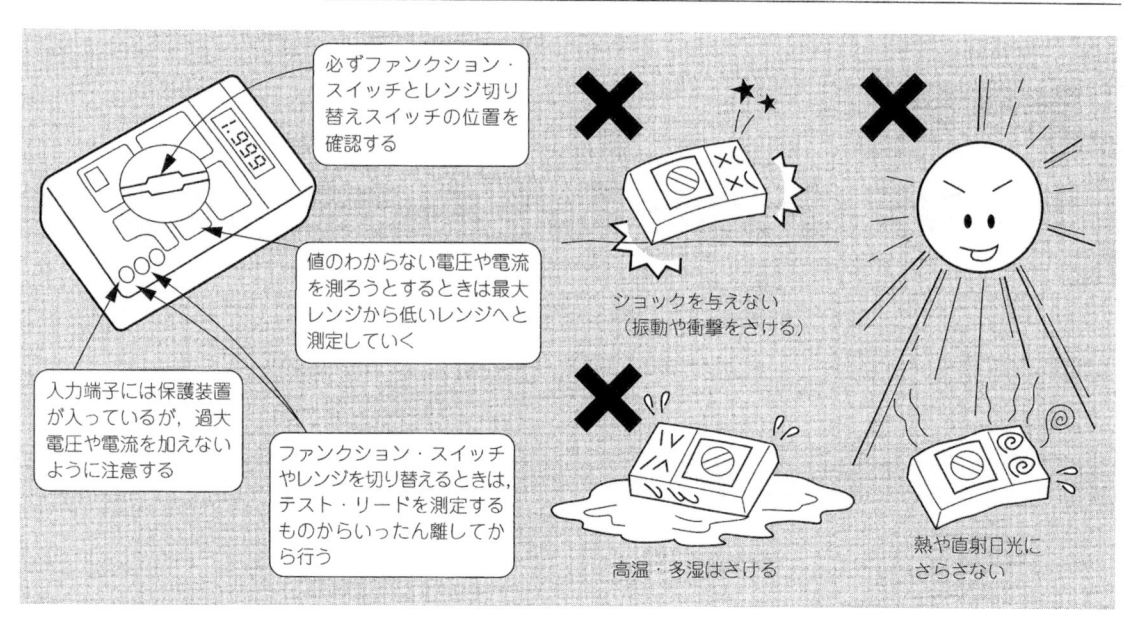

図4.11 取り扱い方の注意

電圧が高めのものを残して一部だけを交換すると，交換しなかった電池が他より早く消耗することになり，全体の電池寿命が短くなります．

(9) ACアダプタ

2電源式のテスタでACアダプタを使用する場合，そのテスタ専用のアダプタを使用しないと，リプルなどの関係で，表示が不安定になるものがあります．

(10) その他

振動や衝撃を避ける，高温・多湿の場所や直射日光があたる場所はなるべく避けるなど，アナログ・テスタと同様の注意も必要です．ソーラー充電式のテスタも同様で，充電の際は窓際など高温になる場所は避け，40W程度の蛍光灯などの下で行うのがよいでしょう．

とくに表示器が液晶式の場合は，高温の場所に長時間置くと，表示面が黒くなって使用できなくなることがあります．

第5章
テスタ/ディジタル・マルチメータの上手な使い方

本章では，テスタ/ディジタル・マルチメータの基本的な使い方について説明します．

5.1 テスタの測定手順

テスタを扱うときには，必ず次の順序で行います．
(1) メータの零位を確認する．
(2) 測定レンジを選択する．ロータリ・スイッチを回して測定レンジを選ぶ(リード差し替え式のテスタの場合は，プラグの差し替えを行う)．
(3) 極性切り替えスイッチのあるテスタの場合は，必要に応じて極性切り替えスイッチを切り替える．
(4) 測定リードを接続する．テスト・リード・プラグを(−)COM端子と(+)端子に差し込む(必要に応じて，専用端子に差し込む)．
(5) 測定する部分に，テスト・リードのテスト・ピンを接続する．
(6) 指示値を読み取る．

5.2 テスタ/ディジタル・マルチメータの使用上の注意

● 零位調整

ディジタル・マルチメータの場合は，電源スイッチを入れて測定端子(+)(−)をショートしたとき，表示が 0000 であるのが理想です．もし数字が残る場合は，測定値に対し，その分を差し引きます(残り数字の+，−に注意)．

ただし，REL機能のあるテスタでは，RELボタンを押して"0"にするとよいでしょう．また，このとき，BTマークが表示されたら電池を交換してください．

アナログ・テスタの場合は，指針が正しく零位を指示しているかどうかを確かめます．零位からずれている場合は，図5.1に示すように零位調整ネジを静かに回して指針を修正します．指針がずれたままで測定すると，その分だけ誤差を生

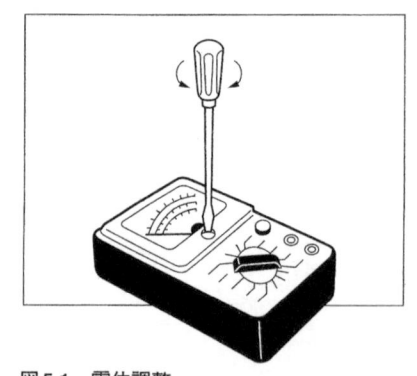

図5.1 零位調整

じます．この操作は，測定する前に一度だけ行えばよいのですが，テスタを指定された方法以外の置き方（たとえば，立てる，傾けるなど）にすると，わずかですが零位がずれることがあるので注意してください．

● 測定レンジの確認

アナログ・テスタの故障原因の多くは，過電流もしくは落下によるものです．過電流を防止するには，レンジ切り替え時に確認する以外に方法はありません．たとえば，同じ電圧レンジで隣りとその隣りを間違えた場合は，2倍～5倍の電流が流れる程度で，故障することはまずありません．しかし，内部抵抗の低い電流レンジや抵抗レンジに電圧を加えると，回路に数十倍～数百倍の過電流が流れ，テスタは一瞬にして壊れてしまいます．

ディジタル・マルチメータの場合は，オート・レンジ式のものはファンクション・スイッチを確認します．

最近は，メータ保護装置付きのテスタや，電流容量の大きいダイオードやブレーカを使用して，回路を保護するテスタも普及しています．それでも，過入力にするとテスタの寿命を縮めるので，好ましくありません．レンジの確認は，必ず行ってください．

● テスト・リードの接続

テスト・リードは，赤と黒の2本で1組になっています．赤のテスト・リードは測定端子の（＋）側に，黒のテスト・リードは測定端子の（－）側につなぎます．また，テスト・リード先端のプラグは，必ず測定端子いっぱいまで差し込んでください．テスタによっては，測定端子にプラグを差し込むことで，これがスイッチとなって動作状態になるものもあります．

もう一つの注意点は，テスト・ピン（テスト・リードの金具部分）に指先を触れて測定しないということです．測定誤差を生じるだけではなく，感電するおそれもあるので，非常に危険です．

● 未知の値の電流や電圧の測定

電流や電圧がどれくらいの値になるのか，まったく予測がつかない場合は，過負荷を防ぐ目的で，最初に最高レンジでおおよその値を確認してから，最適レンジに切り替えます．たとえば，電圧測定であれば"1000V→250V"のように測定します．

● 指示値の見方

アナログ・テスタのメータの指示値を読み取る際は，図5.2(a)のように，メータを真上から見るようにします．指針とスケール板の間には，約1～1.5mmほどの間隔があります．横にずれた位置から見ると，同図(b)に示すように，dの分だけ読み取り誤差が生じます．

この読み取り誤差（視誤差）を防ぐために，精密級の測定器や一部のテスタのスケール板には，鏡（ミラー）が取りつけられています．鏡に映った指針と実際の指針が重なって1本に見える位置が，指針の真上になります．ディジタル・マルチメータの場合は，見る方向によって表示に誤差が生じるようなことはありません．

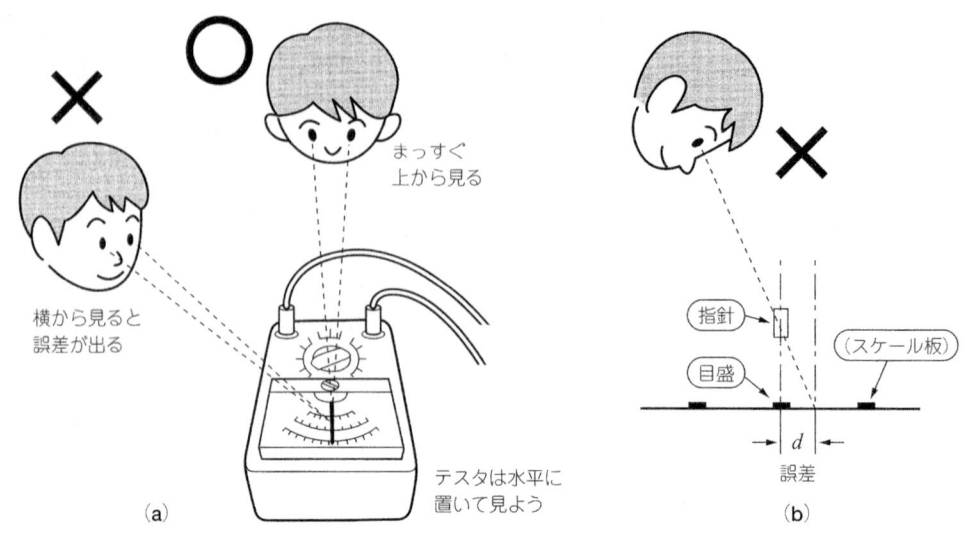

図5.2　読み取り誤差(視誤差)

● テスタの姿勢

アナログ・テスタの場合，測定値はなるべく水平にして読み取ります．メータ可動部分のバランスが悪いと，指針の0位置がずれてしまいます．したがって，水平以外の姿勢では指示誤差が多くなります．ディジタル・マルチメータの場合は，テスタの姿勢による誤差は生じません．

● スイッチ切り替え時の注意

測定中にロータリ・スイッチを切り替える際には，必ず被測定回路からテスト・リード(棒)を離して行います．電圧をかけたままスイッチの切り替えを行うと，ブラシが二つの接点をまたいだ瞬間に，大きなショート電流が流れ，故障の原因になります．また，テスタをつないだまま被測定回路のスイッチを切ると，インダクタンスのある回路では，切られた瞬間に高電圧が発生し，テスタを破損する場合もあります．

● 被測定回路の配線を切ったり，部品を取り換える際の注意

被測定回路の配線を切り，その間に電流計をつないだり，あるいは部品を交換したりするなどの場合は，必ず電源スイッチをOFFにしてから行います．テスタに対してだけでなく，被測定回路や人体への安全面からも大切なことです．

● 振動や衝撃を避ける

テスタを落下させて振動や衝撃を与えたり，テスタに過電流を流すようなことは避けてください．外見上，テスタが破損していないようでも，メータ可動部の平衡が悪くなったり，マグネットの強さが変化したりするなど，精度が低下する原因になります．

● 高温，多湿，直射日光を避ける

　高温や直射日光は，パネルの変形や半導体部品，抵抗器などの劣化を促進します．また，90％を超す高い湿度ではリーク（漏電）の原因になります．

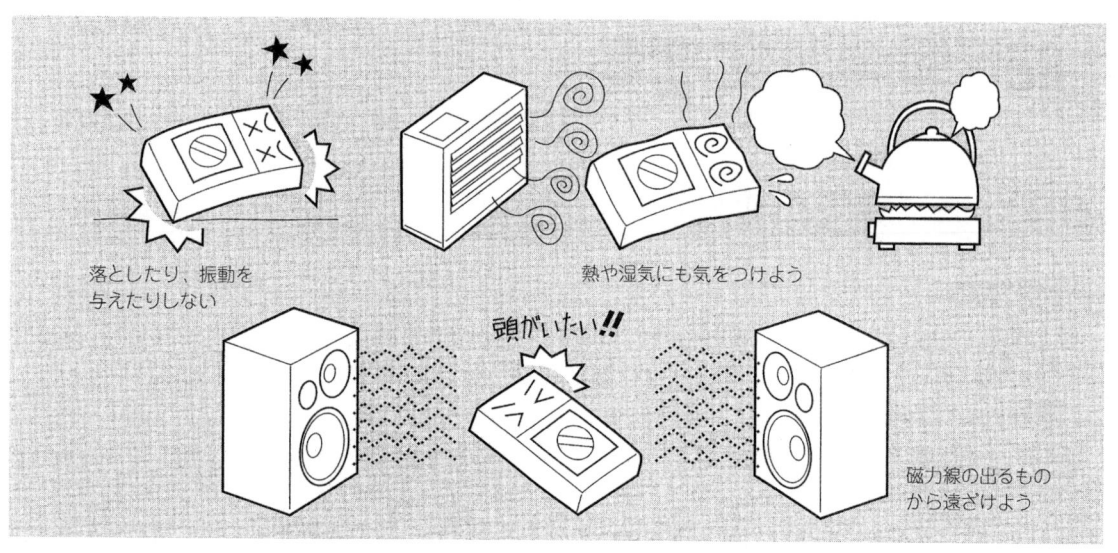

図5.3　テスタの取り扱いには注意を！

● 強磁界の場所を避ける

　周波数の高い強電磁界のある場所や強力な磁石や消磁用コイルなどの近くでテスタで測定を行うと，メータの磁界が乱れるなど指示値に誤差を生じます．また，鉄製品の上で測定を行うと，やはり指示値に誤差を生じることがあります．

● 電流容量の大きい（強電）回路での測定

　テスタでは高圧プローブなしで，最高1,000 V前後の電圧測定ができます．プローブを使用すれば，30,000 V（30 kV）の高電圧測定が可能になります．しかし，ここではあくまでも，テレビ受信機などの弱電関係の測定を対象にしています．強電関係では人身事故などにより，生命への危険を伴いますから，数百 V以上の測定を行う場合は専用の測定器を使用してください．

第6章
物理量の測定方法

6.1　直流電流の測定

●測定要領

電流計は，原則として測定する回路に対して図6.1(a)のように直列に接続します．これは，回路に対して並列に接続すると，電流計に直接高い電圧が加わり，大きな電流がテスタに流れることによって，破損することがあるためです．

測定レンジを選ぶ際は，計算などにより，あらかじめ概略値を求めておく必要があります．概略値を求められない場合は，最大測定レンジで概略値を求めてから，順次最適レンジへと切り替えます．一般的に，測定範囲内でできるだけ大きな指示となるレンジのことを，最適レンジといいます．ディジタル・マルチメータの場合，オート・レンジのテスタでは自動的に最適レンジが選択されます．

0.25/2.5/25/250mA レンジをもつテスタで，図6.2(a)に示すようなコレクタ電流の測定を考えてみます．

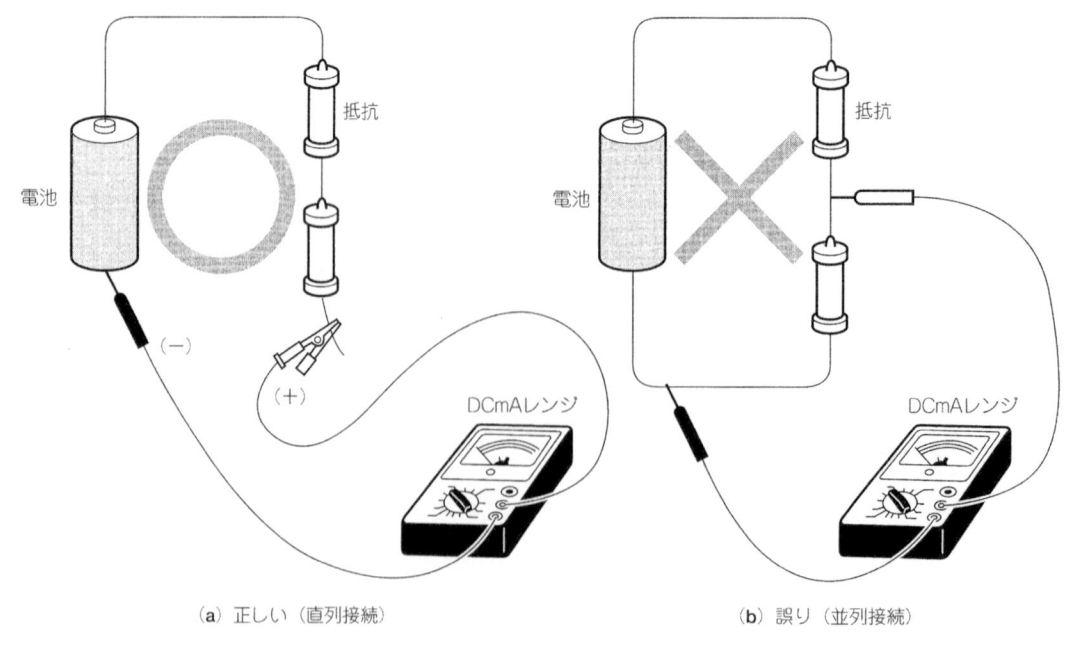

(a) 正しい（直列接続）　　　　(b) 誤り（並列接続）

図6.1　電流計の接続

6.1 直流電流の測定

回路の電源スイッチをOFFにして×印部分を切り離し，その間に電流計を接続します．トランジスタの型（PNP，NPN）によってコレクタ電流の向きが逆になるので，注意が必要です．PNP型ではコレクタ側に電流計の（+）を接続します．

コレクタ電流が1mA前後であれば，2.5mAレンジが適当です．0.25mAレンジでは指針が振り切れ，25mAレンジでは振れが小さいため，正しく読みとれません．

(a) コレクタ電流の測定

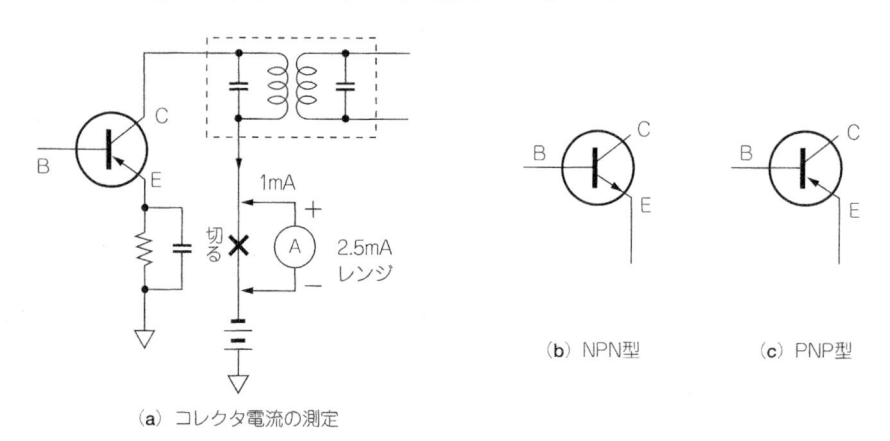

(b) NPN型　　(c) PNP型

図6.2　コレクタ電流の測定

● 電流計の内部抵抗の影響

電流計の内部抵抗の大きさは，テスタの種類やレンジによってさまざまです．おおよその目安は，次のとおりです．電圧降下に直すと，アナログ・テスタでは0.1～0.5V，ディジタル・マルチメータでは0.2～0.4V（最大表示時）のものが多いようです．

0.5mA レンジ	200～1000 Ω
5mA レンジ	20～100 Ω
50mA レンジ	2～10 Ω
500mA レンジ	0.2～1 Ω

テスタを測定回路に接続すると，これらの内部抵抗によって回路電流が実際より減ってしまいます．図6.3を例にとって，計算から回路電流Iを求めると，

$$I = \frac{1.5\,\mathrm{V}}{3\,\mathrm{k}\Omega} = 500\,\mu\mathrm{A}$$

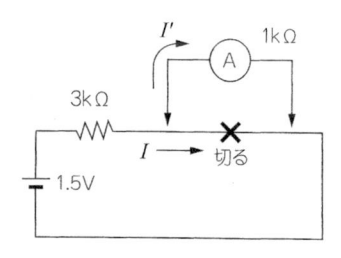

図6.3　回路電流の計算値と測定値の違い

となります．

ここで，×印の部分に内部抵抗1kΩの電流計を接続して測定すると，回路電流は減少して電流計の指示I'は，

$$I' = \frac{1.5\text{V}}{(3+1)\text{k}\Omega} = 375\,\mu\text{A}$$

となり，実際の動作状態より125μA(25%)程度低い指示値になります．

次に，電流計の内部抵抗が200Ωと小さい場合について計算すると，約31μA(6.2%)程度のマイナス誤差になります．テスタに限らず，電流計の精度に関係なく発生するこのような測定誤差は，理論誤差と呼ばれています．このことから，同じ大きさの電流レンジであれば，内部抵抗の低いほうが有利になります．

● 電源の内部抵抗の影響

電流計の内部抵抗と同様に注意が必要なのは，電源の内部抵抗です．こちらは大きな値ではありませんが，低抵抗大電流の回路ではやはり問題になります．

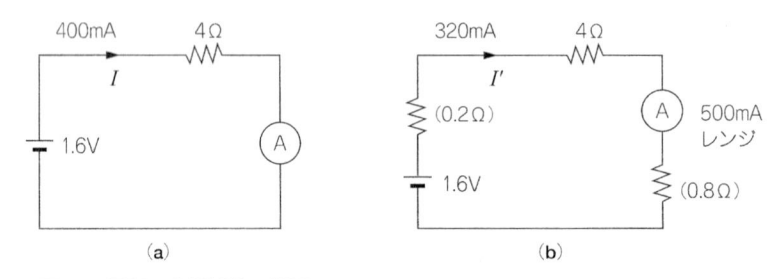

図6.4　電源の内部抵抗の影響

図6.4(a)の計算から求めた電流Iは400mAで，これは理想的な回路の測定値です．しかし，実際には同図(b)に示すように，電源にも電流計にも内部抵抗があります．一般によく使われている単1型(R20)～単4型(R03)乾電池は，新しいものでも0.3～1Ωの内部抵抗があります．電流計の抵抗(たとえば，0.8Ω)も含めて計算すると，回路電流I'は，

$$I' = \frac{1.6}{4 + (0.3\sim 1) + 0.8} = 314\sim 276\,\text{mA}$$

となり，非常に大きな誤差が生じてきます．

● 電圧計を利用して電流を測定する方法

電流計による電流測定では，回路を測定するごとに切断して電流計を接続する，というわずらわしさがあります．回路電流が大きく，あまり正確さが要求されない測定の場合，図6.5に示すように回路を切断せずに，電圧計を利用して計算から電流を求めることができます．

たとえば，抵抗3kΩの両端の電圧の測定値が60Vであったとすると，オームの法則から抵抗器に流れている電流Iは，次のように算出することができます．

$$I = \frac{E}{R} = \frac{60\,\text{V}}{3\,\text{k}\Omega} = 20\,\text{mA}$$

ただし，電圧計の内部抵抗rが既知抵抗Rの値より十分大きくないと(数十倍以上)，測定誤差が大きくなります．この方法は，抵抗器の値が正しければ，前項のような抵抗回路にも応用して，より正確な電流測定が期待できます．

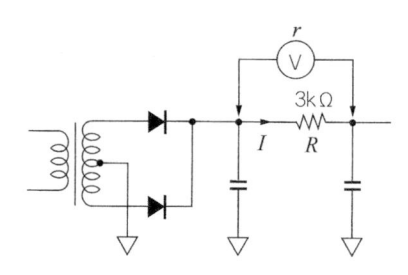

図6.5 電圧降下法による電流の測定

6.2　交流電流の測定

一般的に，数mA以上の商用周波数(50/60Hz)の交流電流が，測定対象になります．

● トランスを使用した整流器型電流計

アナログ・テスタの場合，交流電流レンジは整流器の非直線性の弊害を避けるためにトランスを使用します．トランスには，次のような性質があります(**図6.6**)．ただし，ディジタル・マルチメータの場合は，電流を抵抗(シャント抵抗)に流し，その電圧降下を測定する方式なので，感度が高いためトランスが不要になります．

$$\frac{n_2}{n_1} = \frac{V_2}{V_1} = \frac{I_1}{I_2}$$

この関係から，n_1を少なくn_2を多く巻き，一次側に大きな電流I_1を流すと，二次側ではI_1に比例した高い電圧V_2を取り出すことができます．この電圧を内部抵抗の高い電圧計で測定すると整流器の影響が少なく，よい結果が得られます(**図6.7**)．

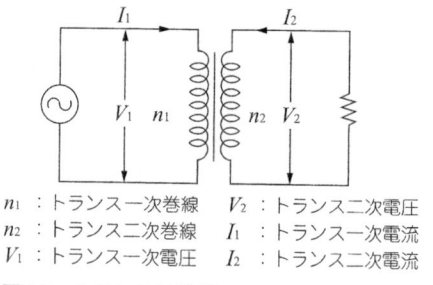

n_1：トランス一次巻線　　V_2：トランス二次電圧
n_2：トランス二次巻線　　I_1：トランス一次電流
V_1：トランス一次電圧　　I_2：トランス二次電流

図6.6　トランスの性質

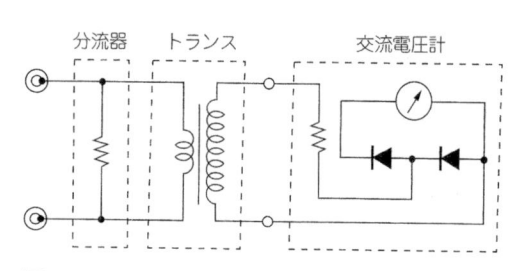

図6.7　トランスを使用した電流計

交流電流の測定は，直流電流の場合と同様に回路と直列に接続します．なお，電流計の接続は，被測定回路の電源を必ず切ってから行ってください．
　図6.8は，測定の原理図です．実際の測定では，感電やショートなどの事故を起こさないような方法で行ってください．

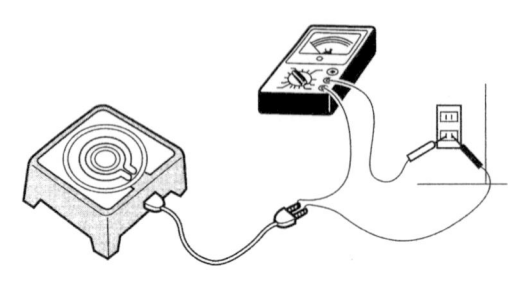

図6.8　電流の測定方法

● 大電流レンジ付きテスタ

　写真6.1は，交流大電流レンジ付きテスタの例です．ロータリ・スイッチをAC20Aレンジに合わせ，次に(−)COM端子に黒リード，専用の20A±端子に赤リードを接続します．端子に接続されたリード線は，測定する回路に直列に接続します．この際，接続をしっかり行わないと，接触抵抗が大きくなり，電圧が降下し，測定誤差が大きくなります．また，発熱も起こすため危険です．

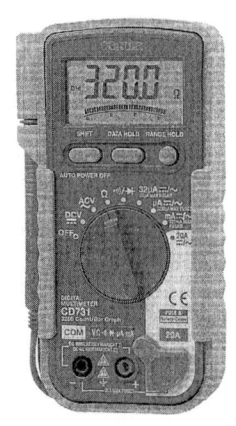

写真6.1　AC20Aレンジ付きテスタ（CD731）

　さらに，ジュール熱（I^2Rに比例）により，テスタ内のシャント抵抗の温度が上昇するため，1分間以上の連続測定を行う場合は，注意が必要です．なお，大きい電流測定には，クランプオン・プローブ（写真2.3参照）を併用するとよいでしょう．

6.3　直流電圧の測定

● 測定要領

　電圧計は電流計と異なり，測定部分に対して図6.9に示すように並列に接続します．電源に定電圧発生器を使用した場合は，電源の内部抵抗は0Ωと考えて差しつかえありません．

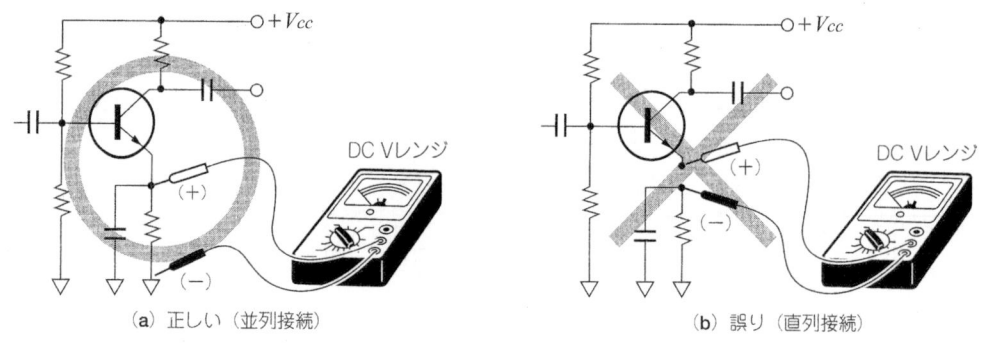

(a) 正しい（並列接続）　　　　　　　　　　(b) 誤り（直列接続）

図6.9　電圧計の接続（エミッタ電圧の測定）

　一般的に，トランジスタ回路，IC回路などの各部の電圧は，アース（接地）電位を基準0〔V〕として表します．トランジスタ回路，ICの片電源回路，真空管回路では，普通（−）側がアースされているので，各部の電圧は特殊な場合を除き（＋）の値です（図6.10）．

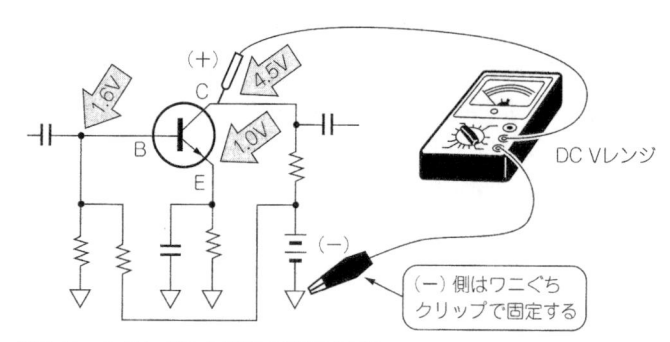

図6.10　トランジスタ回路の電圧測定例

　測定方法は，（−）側がアースされているため，テスタの（−）側（テスト・リードの黒）をアース側に固定し，テスタの（＋）側（テスト・リードの赤）を各測定箇所に当てて測定します．この際，固定箇所のリードは，図6.10に示すようにワニぐちクリップ付きのリードを使用すると便利です．
　次に，ICを使用した両電源の回路（図6.11）では，0V電位がアースされていますから，測定値は（＋）の値も（−）の値もあります．なお，テレビの回路図などに前記のような各部の電圧が記載されていますが，これはそれぞれのメーカで特定の測定器（たとえば，20kΩ/Vのテスタ）を使用し，測定して得た標準的な値です．したがって，各自が測定して得た値とは多少異なる場合があります．

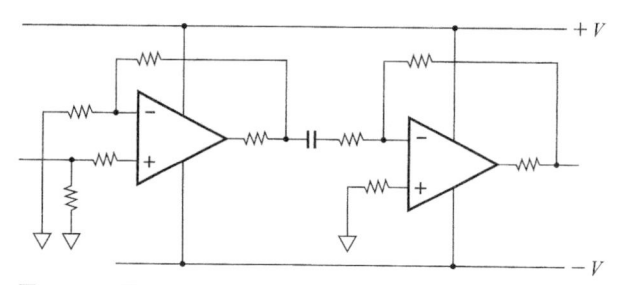

図6.11　両電源の回路例

電圧測定では，電流測定の場合以上にレンジの確認が必要です．誤って内部抵抗の低い電流レンジや抵抗レンジに高電圧を加えると，回路保護装置がない場合，テスタは破損してしまいます．

また，同じ最大目盛値の交流電圧レンジで，直流電圧を測定した場合には，メータは振り切れるか，指示がきわめて低いか，でたらめな指示値になります．

測定レンジの選択は，直流電流と同様に，測定範囲内でできるだけ大きく振れるレンジを選ぶのが原則です．しかし，回路抵抗が高い部分の測定には必ずしも適用できません．これについては，後で詳しく説明します．

● 電圧降下の測定

抵抗器に電流を流すと，その抵抗器の両端に電位差（電圧）を生じます．これは図6.12に示すように，電流Iがa点からb点，c点へと進むにつれて，抵抗のため電圧が順次低下するためです．このようにして生じた電位差を電圧降下といい，電流と抵抗の積に相当した大きさです．たとえば，R_1の電圧降下は次のとおりです．

$$V_1 = I \cdot R_1$$

したがって，抵抗R_1の両端に電圧計をつければ，R_1による電圧降下を測定することができます．

次に，直列接続された抵抗の電圧降下と電源電圧との間には，「それぞれの抵抗の電圧降下の和は，電源電圧に等しい」という関係があります．図6.12を例にすると，次のようになります．

$$E = I \cdot R_1 + I \cdot R_2 = I(R_1 + R_2)$$

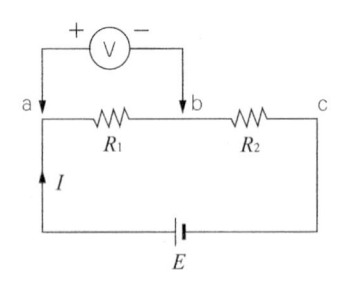

図6.12 電圧降下の測定

● 電圧計の内部抵抗と回路への影響

電圧計が動作するということは，被測定回路から電圧計に電流が流れ込んだことを意味します．そのため回路の動作状態は，大なり小なり影響を受けています．

電圧計のΩ/Vが小さいと，この測定電流が大きくなり，影響も大きくなります．ただし，Ω/Vが小さくても測定部分の抵抗が相対的に十分小さければ，その影響も少なくなります．以上を，計算により確かめてみます．

ディジタル・マルチメータの場合，直流電圧レンジの内部抵抗は，レンジに関係なく10MΩ程度のテスタが多くなっています．アナログ・テスタと比較して内部抵抗の影響は少なくなります．

（1）高抵抗回路の場合

図6.13で電流Iは，

$$I = \frac{200\,\text{V}}{(310+250)\,\text{k}\Omega} \fallingdotseq 357\,\mu\text{A}$$

したがって，rおよびRの電圧降下V_rおよびV_Rは，計算上次のようになります．

$$V_r = 357\,\mu\text{A} \times 310\,\text{k}\Omega \fallingdotseq 111\,\text{V}$$
$$V_R = 357\,\mu\text{A} \times 250\,\text{k}\Omega \fallingdotseq 89\,\text{V}$$

次に，rの電圧降下を電圧計で測った場合を考えてみます．測定レンジがDC250V（2kΩ/V）とすれば，$250\,\text{V} \times 2\,\text{k}\Omega/\text{V} = 500\,\text{k}\Omega$が電圧計の内部抵抗になります．測定時には，この500kΩの"抵抗"がrと並列に図6.14のように接続されることになりますから，その合成抵抗r'は，

$$r' = \frac{310\,\text{k}\Omega \times 500\,\text{k}\Omega}{310\,\text{k}\Omega + 500\,\text{k}\Omega} \fallingdotseq 191.4\,\text{k}\Omega$$

となります．したがって，回路電流I'は次のようになります．

$$I' = \frac{200\,\text{V}}{(191.4+250)\,\text{k}\Omega} \fallingdotseq 0.453\,\text{mA}$$

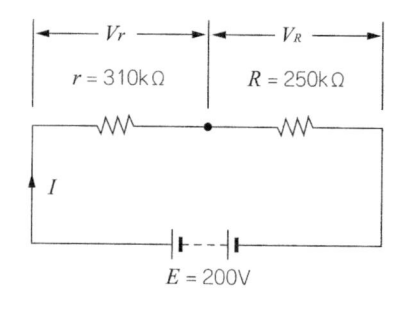

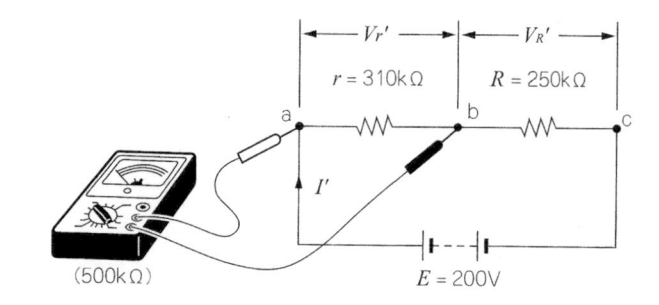

図6.13　高抵抗回路の電圧測定

図6.14　電圧計の内部抵抗が並列に加わり−22％の誤差となる

この結果，抵抗rの電圧降下，すなわちa〜b間の電圧降下V_r'は，a〜b間の合成抵抗が191.4kΩですから，

$$V_r' = I' \cdot r' = 0.453\,\text{mA} \times 191.4\,\text{k}\Omega \fallingdotseq 87\,\text{V}$$

となって，計算値111Vより約24V（22％）も低下し，大きな測定誤差になります．

次に，250V（10kΩ/V）の電圧計で測定した場合を考えます．電圧計の内部抵抗は2500kΩですから，図6.15でa〜b間の合成抵抗r''，回路電流I''は，

$$r'' = \frac{310\,\text{k}\Omega \times 2500\,\text{k}\Omega}{(310+2500)\,\text{k}\Omega} \fallingdotseq 276\,\text{k}\Omega$$

$$I'' = \frac{200\,\text{V}}{(276+250)\,\text{k}\Omega} \fallingdotseq 0.38\,\text{mA}$$

したがって，rの電圧降下，すなわちa〜b間の電圧降下V''は，

$$V'' = 0.38\,\text{mA} \times 276\,\text{k}\Omega \fallingdotseq 105\,\text{V}$$

となり，計算値より約 $-6\,\text{V}\,(-5.4\%)$ 低くなります．$2\,\text{k}\Omega/\text{V}$ の電圧計に比べると誤差は 1/4 になります．

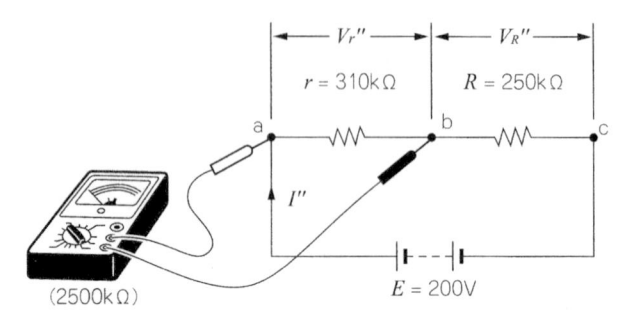

図6.15 電圧計の内部抵抗が大きいほど測定誤差が小さい（-4.5%）

以上より，テスタの内部抵抗が大きいほど，回路に与える影響は小さくなります．したがって，同じ大きさの電圧レンジであれば感度の高いテスタ（Ω/V の大きいテスタ）ほど，また同じ Ω/V のテスタであれば高電圧レンジほど，内部抵抗が大きくなり有利になります．ただし，後者の場合は電圧レンジに比例した内部抵抗が得られる代わりに，指示（指針の振れ角度）は反比例して小さくなります．読み取りが困難となり，決してよい方法とはいえません．

ディジタル・マルチメータでは，DC V レンジの内部抵抗はレンジに関係なく $10\,\text{M}\Omega$ 前後あるので，この点有利です．

(2) 低抵抗回路の場合

図 **6.16** に示す回路で，まずテスタの電圧レンジ（電圧計）を接続しない状態での回路電流 I を，計算により求めます．

$$I = \frac{250\,\text{V}}{(7.3+1)\,\text{k}\Omega} \fallingdotseq 30.1\,\text{mA}$$

したがって，r の電圧降下 V_r は，

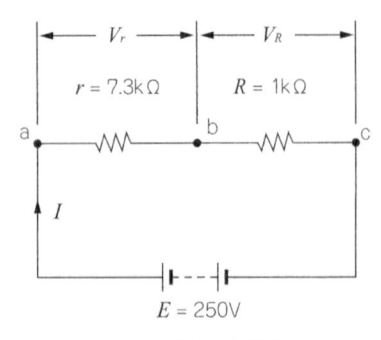

図6.16 低抵抗回路の電圧測定

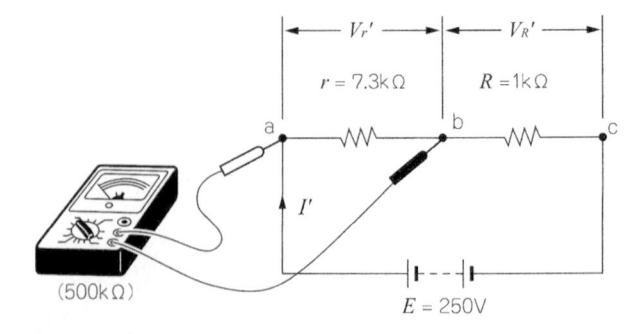

図6.17 低抵抗の回路では測定誤差が少ない（-0.2%）

$$V_r = 30.1\,\mathrm{mA} \times 7.3\,\mathrm{k\Omega} \fallingdotseq 220\,\mathrm{V}$$

となります．次に，250 V（2 kΩ/V）の電圧計を使って，rの電圧降下を測定します．テスタの内部抵抗は500 kΩですから，**図6.17**でa～b間の合成抵抗r'は，

$$r' = \frac{7.3\,\mathrm{k\Omega} \times 500\,\mathrm{k\Omega}}{(7.3 + 500)\,\mathrm{k\Omega}} \fallingdotseq 7.2\,\mathrm{k\Omega}$$

となります．したがって，回路電流I'は，

$$I' = \frac{250\,\mathrm{V}}{(7.2 + 1)\,\mathrm{k\Omega}} \fallingdotseq 30.5\,\mathrm{mA}$$

であり，a～b間の電圧降下V_r'は，

$$V_r' = 30.5\,\mathrm{mA} \times 7.2\,\mathrm{k\Omega} \fallingdotseq 219.6\,\mathrm{V}$$

となり，計算値220 Vとの違いは－0.2％と非常に小さくなります．このように低抵抗回路では，Ω/Vの小さいテスタでもほとんど無視できるぐらいの誤差で測定できます．

6.4　交流電圧の測定

● 測定要領

AC Vの適当なレンジに切り替え，直流電圧と同様，測定部分に対して並列に接続して測定します．ただし，交流ではテスタの極性は無関係です．主に電灯線電圧や電源トランスのタップ電圧など，50 Hzまたは60 Hzの交流電圧の測定に用いられますが（**図6.18**），ラジオやアンプの低周波出力の測定にも用いられます（6.9項参照）．

図6.19は，ステレオ・アンプの電源部の例です．図に示すように，矢印の左側が交流電圧（AC V）です．トランス二次巻線のタップ電圧は，対アース間の値で示されています．なお，矢印より右側は直流電圧（DC V）ですから，これを交流電圧レンジで測定しても正しい値は指示しません．

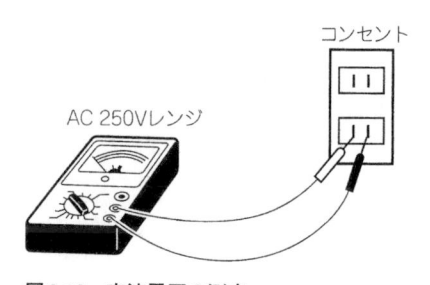

図6.18　交流電圧の測定

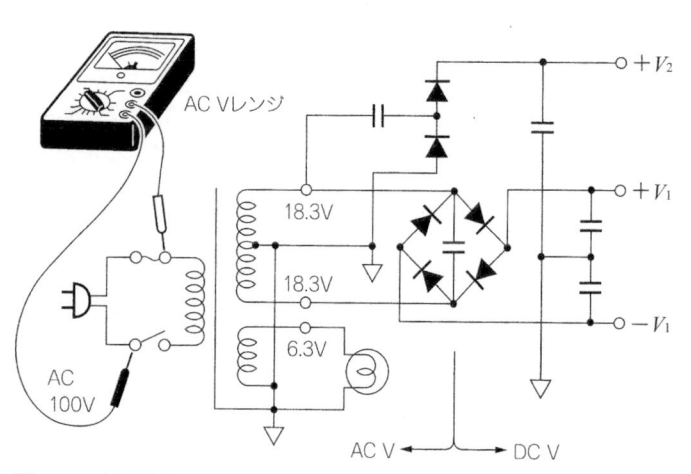

図6.19　交流電圧（ステレオの電源部分）の測定例

2.5項で述べたとおり，テスタの交流電圧レンジでは，低電圧レンジが専用目盛になっていて他のレンジとは読みとるスケールが違う場合が多いので注意を要します．

● 周波数特性

交流電圧を測定する場合，電圧が同じ値でもその周波数により電圧計の指示に差を生じることがあります．一定電圧のもとで，周波数と電圧計の指示の関係をグラフに表した曲線を，交流電圧計の周波数特性といいます．

テスタの交流電圧レンジでは，周波数の低域時に指針が激しく振動するため指示の読み取りが困難になり，20Hz程度が限度です．また，高域は指示が低下するため20k～200kHz程度が限度です．

図6.20に示したのはテスタの周波数特性で，直線範囲が広いほどすぐれています．

以上は，10V以下の低電圧レンジの場合です．一般的に30Vレンジ以上になると，テスタの分布容量のインピーダンスが無視できなくなり，20kHz付近から指示は急激に増加します．

ディジタル・マルチメータは，一般的に数kHz以下の特性となっており，周波数特性はあまりよくありません．

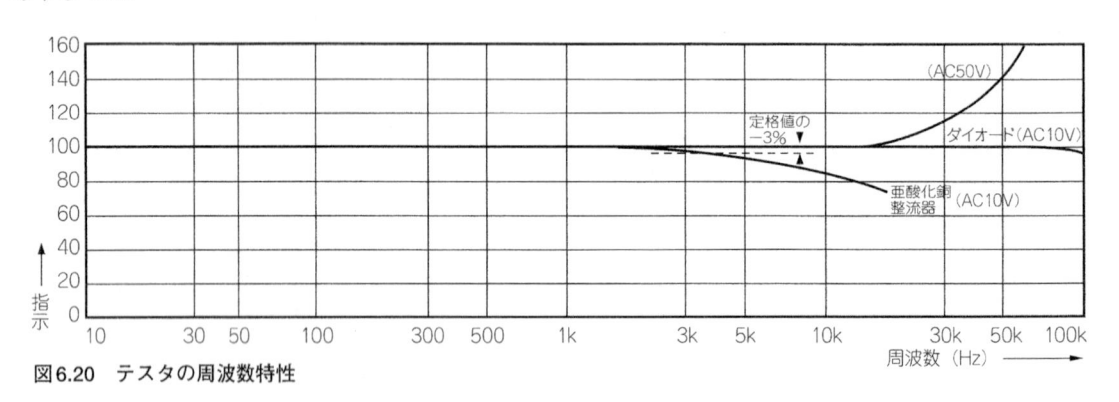

図6.20 テスタの周波数特性

● 波形の影響

周波数が20Hz～20kHzの範囲の交流電圧でも，誤差なく測定できるわけではありません．テスタの測定対象となる交流電圧は，電灯線のようにほとんどひずみのない正弦波交流だけです．他の波形(ひずみ波)の測定値は，参考値でしかありません．また，正弦波交流であってもサイリスタなどによって位相制御した波形では，やはり正しい測定値は得られません．

ディジタル・マルチメータでは，アナログ・テスタと同様に平均値表示式のものがほとんどですが，True RMSと表示されているものは波形の影響が少なく，真の実効値を表示します．

一般的に，交流電圧は実効値で表されますが，テスタのメータは平均値で応答しています．そこで，テスタでは「同じ波形であれば，実効値対平均値の比(波形率)は一定」という関係を利用して，正弦波交流の実効値を換算して目盛にしています．したがって，正弦波交流以外では波形率(換算率)が変わるため，指示誤差を生じます．

目安としては，(直流分を含まないひずみ波の実効値) ＝ (アナログ・テスタの指示) × ひずみ波の波形率/正弦波の波形率 となります．

6.5 抵抗の測定

●測定要領

抵抗計(抵抗レンジ)の使い方は，その目的によって二つあります．一つは，抵抗器や回路などの抵抗値を求める場合で，もう一つは回路やその部品などの導通状態を調べる場合です．抵抗レンジを使用する際には，メータの零位の確認と，零オーム調整(校正)が必要です．

ただし，抵抗値を求めるのではなく，単に導通状態を調べるだけであれば，零オーム調整をする必要はありません．

(1) 零オーム調整(校正)

図6.21に示すように，
ⓐまず測定する抵抗の大きさに適する測定レンジを選ぶ．
ⓑテスト・リード(棒)の金具部分をショートさせる．
ⓒ指針が振れたら，零オーム調整器により抵抗測定スケールの零位(0)に指針を一致させる．

これで零オーム調整は完了です．後は，測定するものにテスト・リードをつなげば，指示から抵抗値が求められます．零オーム調整は，続けて同じレンジを使う場合は一度行えばよいのですが，他のΩレンジに切り替えた場合には，そのつど調整を行います．これは測定電流が変わることで，電池の内部抵抗による電圧降下が変化するため，零オーム位置がずれることが多いためです．ディジタル・マルチメータでは，低抵抗レンジ用0Ω調整器付きのものもありますが，一般的には付いていません．REL機能付きのテスタでは，この機能を利用するとよいでしょう．

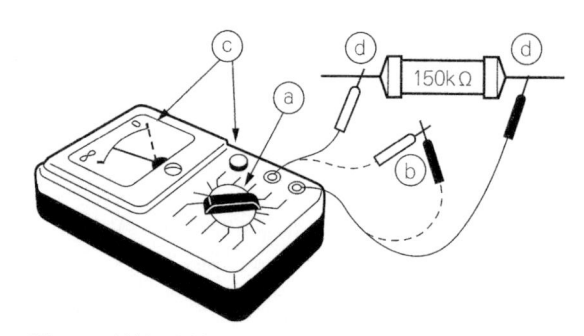

図6.21 抵抗の測定

(2) 測定レンジの選び方

図6.22に示すように，抵抗測定用のスケールは不平等目盛です．抵抗値の小さい右側は荒く，大きい左側は細かくなっています．スケールの中央付近の指示となる測定レンジを選ぶと，より正確な測定ができます．手動レンジ切り替え式のディジタル・マルチメータでは，表示桁数の大きくなるレンジを選びます．

導通テストの場合は，次のようにテスタ選びます．導通テストは，目的により二つに分けられます．一つは導通があるはずの部分で，回路の断線を調べるテストです．もう一つは絶縁されているはずの部分で，回路のショートやリークを調べるテストです．前者では中位の抵抗レンジを，後者では最高

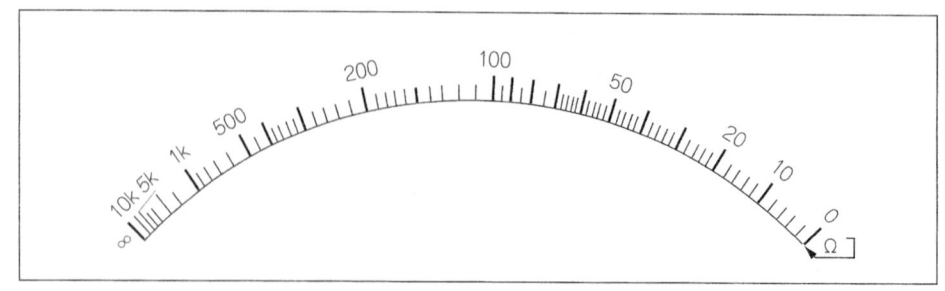

図6.22 Ωレンジは中央付近の指示となるようなレンジを選ぶとよい

の抵抗測定レンジを使用します．

また，ブザーを内蔵したテスタもあります．数100Ω以下の低抵抗用ですが，音の有無によって導通チェックができます(図6.23)．

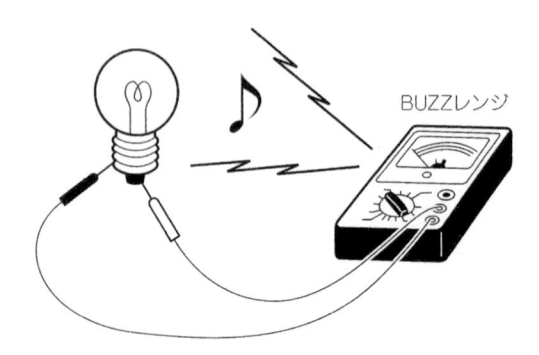

図6.23 BUZZレンジによる導通チェック(音が出れば導通あり)

●抵抗測定上の注意
(1) 人体の抵抗

テスト・リード先端の金属部分に指を触れて抵抗測定を行うと，測定誤差を生じる原因になります．人によって多少の差はありますが，人体の抵抗はそれほど高くはありません．テスト棒の先端を左右の指先でつまんだ状態でも，指が乾いているときに200kΩ前後，濡れていれば50kΩ前後の値です．したがって，濡れた手で図6.24(b)のように高抵抗を測定すると，その抵抗器と人体の抵抗が並列接続される状態になり，大きな測定誤差を生じます．

図6.24(b)は，図6.25に示すような等価回路で表せますから，測定値Rは，

$$R = \frac{1}{\frac{1}{R_1} + \frac{1}{R_2}} = \frac{1}{\frac{1}{10}\text{k}\Omega + \frac{1}{50}\text{k}\Omega} \fallingdotseq 8.3\text{k}\Omega$$

となり，実際の値10kΩより小さい値になります．

(a) 正しい　　　　　　　　　　　　　　　　(b) 誤り

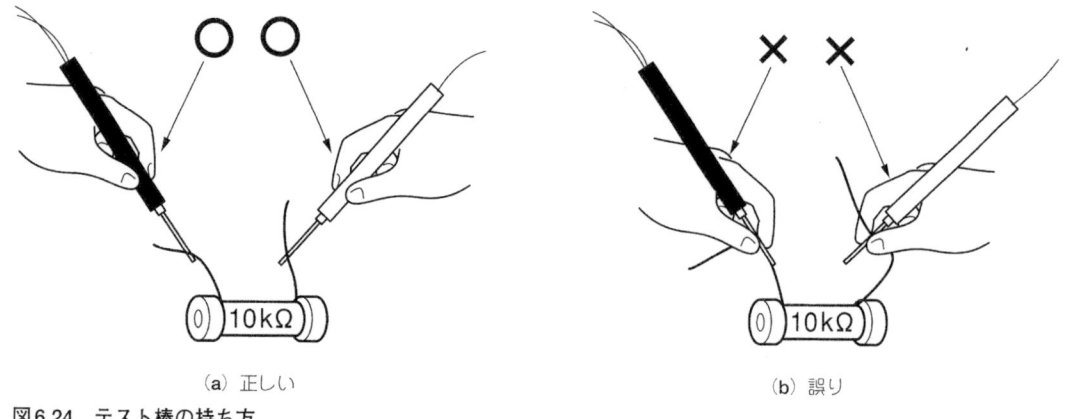

図6.24　テスト棒の持ち方

抵抗器 R_1 = 10kΩ

人体の抵抗 R_2 = 50kΩ

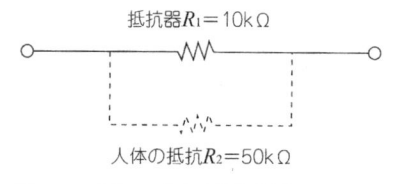

図6.25　図6.24(b)の等価回路

（2）低抵抗回路の測定

低抵抗の測定では，測定点へのテスト・リードの当て方が不完全だと，接触抵抗の影響で誤差が大きくなるため，しっかり接続します．

（3）回路網の抵抗測定

回路網の特定部分間の抵抗を測定したり，あるいは導通を調べるような場合，いきなりその部分に抵抗計を接続しても思うような結果が得られません．

たとえば，**図6.26**の抵抗 R_1 を測定する場合，a〜b間にテスタを接続しても，他の抵抗が並列に入ってしまうため，正しい結果が得られません．正しく測定するには，a点を切断しなければなりません．導通試験についても同様です．

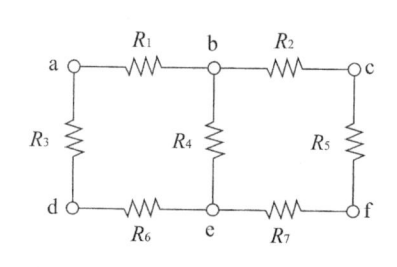

図6.26　回路網の抵抗測定

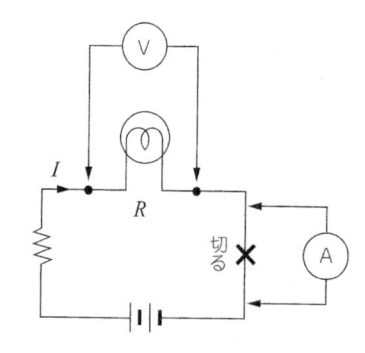

図6.27　通電状態の抵抗測定

(4) 動作中の回路抵抗の測定および導通試験

動作中の回路抵抗の測定および導通試験は，抵抗計に回路電流が流れ込むため，測定できません．さらに，その部分に高電圧が加わっていると，過電流によりテスタが破損します．

また，動作していない回路でも，その回路に高電圧で充電されたコンデンサがある場合は，コンデンサをショートし，電荷を放電させてから測定します．逆に，点灯時のフィラメント抵抗の場合は，電圧の加わった状態でないと測定できません．このような場合には，必ずしも正確ではありませんが，電圧降下法により抵抗を求めます．測定する抵抗の電圧降下Vと，抵抗に流れる電流Iをそれぞれ測定し，オームの法則からその抵抗値Rを求めます（図6.27）．

$$R = \frac{V}{I} \, [\Omega]$$

なお，点灯時のフィラメント抵抗は，常温（室温）の約10倍の値です．

(5) 抵抗測定時の電圧

テスタの電源として，最高の抵抗測定レンジで9Vの電池を使用したものがあります．このようなレンジで耐電圧の低いトランジスタやその回路部品を測定すると，部品の絶縁破壊を起こすことがあるので，注意が必要です．

● 抵抗計に流れる電流の向き

抵抗に方向性のあるダイオードやトランジスタでは，抵抗計の極性に注意します．テスタの抵抗計では，内蔵されている電池のマイナスが測定端子のプラスに，測定端子のマイナスには回路を通して電池のプラスが接続されています．したがって，測定端子の極性は，電圧や電流の場合と逆になります．

ダイオードの良否（整流能率の良否）は，逆方向と順方向との抵抗比，または順方向と逆方向の電流比により判断します．この比が大きいほどよく，その値が1に近いと，ダイオードに整流作用がないことになり（ショートしている），不良品となります．順，逆両方向ともにメータが振れない場合は断線で，これも不良品です．測定方法は，図6.28および図6.29に示すとおりです．

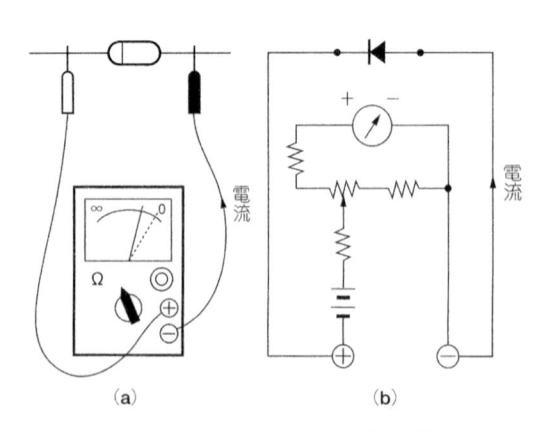

図6.28　ダイオードの順方向の抵抗測定（抵抗小）

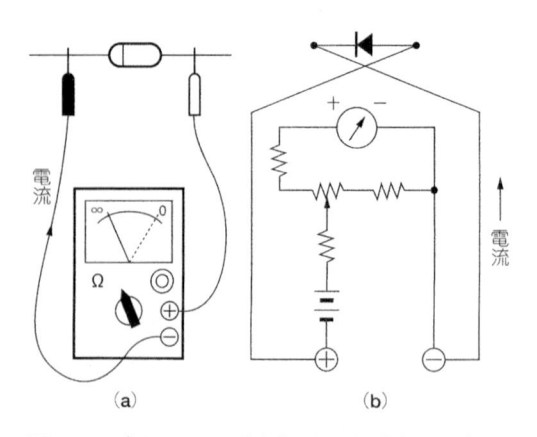

図6.29　ダイオードの逆方向の抵抗測定（抵抗大）

● 半導体素子の抵抗

半導体素子には特異な性質を持ったものが多いため，測定する際には十分な注意が必要です．たとえば，ダイオードには整流作用があり，さらに電流（電圧）により著しく抵抗が変化します．サーミスタは，温度に対して抵抗の変化が大きく，測定電流が大きいと自己加熱により抵抗が低下します．

このほか，光や磁気に対して抵抗が変化する性質の半導体素子があるなど，外部の条件に左右されやすいものが多くなっています．このため「測定電圧0.3V，周囲温度20℃にて1kΩ」のように，測定値にはその条件を付記する必要があります．

● 抵抗計の測定電流（LI）

抵抗計の測定電流の大きさは，次のようにして知ることができます（図6.30）．

まず，電池の本数と種類から，抵抗計の電源電圧Eを調べます（レンジにより使用されていない電池があるので回路図により調べる）．単3(R6)型電池が2本の場合は，

$$E = 2 \times 1.5\text{V}^\text{注} = 3\text{V} \quad (注：新しい電池の場合は1.6Vとする)$$

となります．

次に，抵抗スケールの中央の値と測定レンジから，抵抗計の内部抵抗Rを求めます．中央目盛の値が100Ω，測定レンジが$R \times 100$の場合は，$R = 100 \times 100\,\Omega = 10\text{k}\Omega$となります．したがって，零オーム調整時の電流$I_0$は，

$$I_0 = \frac{3\text{V}}{10\text{k}\Omega} = 0.3\text{mA}$$

これが，$R \times 100$レンジに流れる最大電流です．この場合，抵抗測定時の電流Iは，I_0をDC Aスケールで等分して読みます．たとえば，抵抗の接続により指示がI_0の1/4（25％）に減少した場合，次の計算で抵抗に流れる電流が求まります．

$$I = 0.3\text{mA} \times \frac{1}{4} = 0.075\text{mA}$$

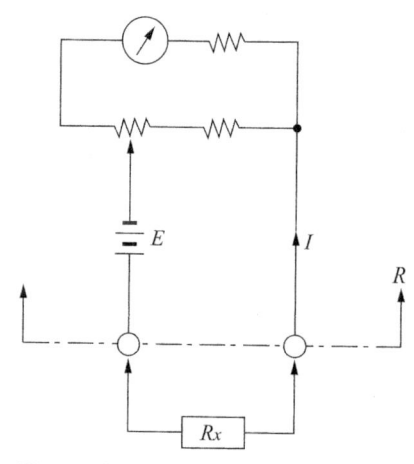

図6.30　抵抗計の測定電流の目安をつける

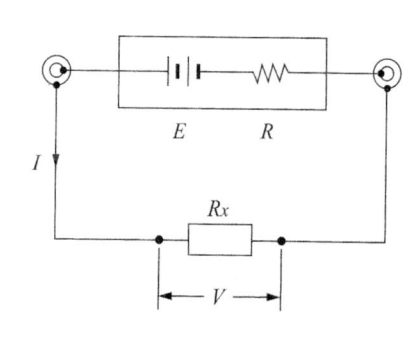

図6.31　抵抗計の測定電圧

● 抵抗計の測定電圧（LV）

　半導体の抵抗測定では，測定電流だけではなく，被測定物の端子電圧もわかると便利です．この端子電圧は，抵抗計の電源電圧がわかれば，それをDC Aスケールで等分した抵抗計（メータ）の指示から求められます（図6.31）．測定物の端子電圧Vは，抵抗計の内部抵抗による電圧降下IRを差し引いたものですから，

$$V = E - IR$$

となり

$$I = 0 \text{ のとき } V = E \cdots (R_x \text{は} \infty)$$

$$I = \frac{E}{R} \text{ のとき } V = 0 \cdots (R_x \text{は} 0)$$

となります．

　したがって，電流が最大値のとき電圧がゼロ，電流がゼロのとき電圧が最大値（単3電池2本のときは3V）となり，その間を等分します．図6.32は，LIおよびLVスケールの例で，両者を同時に読み取れるため，半導体の特性を概略チェックするのに便利です．

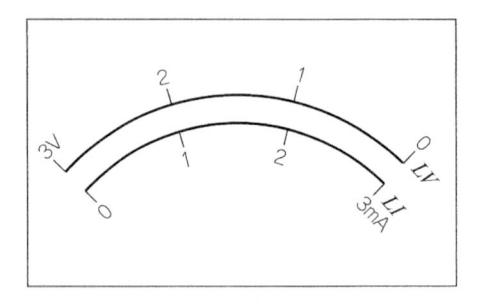

図6.32　LIおよびLVスケールの例

● 抵抗レンジによる回路素子のチェック

　半導体素子の抵抗は，テスタの種類や抵抗レンジによって測定値が一定せず，数値的な良否の判断が困難です．しかし，同種の素子の測定結果を比較することで，おおまかな良否の判定が可能になります．この良否の判定は，数値を読み取るディジタル・マルチメータよりも，メータの振れの大小で直感的に判断可能なアナログ・テスタの方が適しています．

表6.1　メータの振れの目安と記号

記　号	状　態	メータの振れの目安
◎	導　通	レンジにかかわらずメータは0付近まで大きく振れる
○	導　通	最大レンジでメータは中央付近以上に振れる
△	導　通	最大レンジで∞付近からメータの中央付近まで振れる
×	非道通	最大レンジでメータの振れが0か，ほんの少し振れる

次節でアナログ・テスタを使用した，おおまかな良否判定方法を説明します．ロー・パワーの抵抗レンジ（端子電圧が最大0.4V以下の抵抗レンジ）は，素子の良否に関係なく非導通状態になる場合が多く，この判定方法は適用できません．また，6F22型積層電池（9V）を使用した抵抗レンジも適用外とします．

表6.1は，測定時のメータの振れの度合をおおまかに分類し，記号化したものです．ここで説明する，順方向とは半導体の電流が流れやすい方向，逆方向とは電流の流れにくい方向を表します．

なお，テスタのテスト・リードに加わる電圧は，図6.33によります．また，判定結果は絶対的なものではなく，おおよその目安となります．

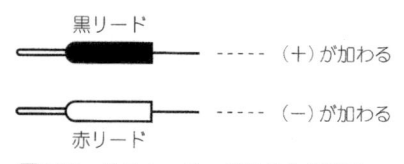

図6.33 テスト・リードに加わる電圧

6.6 デバイスの良否判定

● ダイオードの良否

ダイオードについては断片的ですが，すでに説明してあるので詳しい説明は省きます．図6.34に示す要領で，ダイオードの良否の判断をします．この場合，良品では順方向でメータが大きく振れ，逆方向ではメータはほとんど振れません．

なお，電流の大きい整流回路に使用するシリコン・ダイオードは，一般的なダイオードと区別してシリコン整流素子（SR）と呼ばれています．

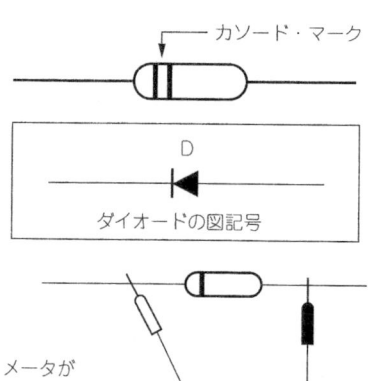

順方向	逆方向	判　定
○	×	良　品
◎	◎	ショート
×	×	断　線
○	△	劣　化

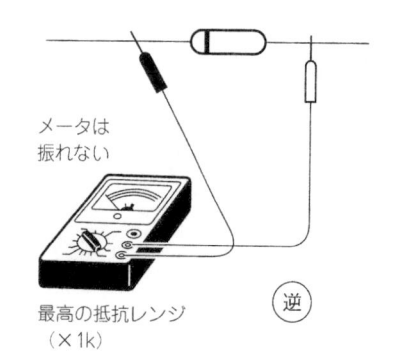

図6.34 ダイオードの判別

● 発光ダイオード(LED)の良否

発光ダイオードでは電流が約5mA以上に達すると，整流作用のほかに発光現象を起こします．必要な発光条件は，約1.8V以上の電圧と数mA以上の電流です．

したがって，1.5V電池を2本内蔵したテスタの低い抵抗測定レンジを使用して，図6.35に示すようにチェックします．高い抵抗測定レンジでは，電圧が3Vでも測定電流が1mA以下となるため発光しません．また，1.5V電池1本のテスタでは，良品でもダイオードの順，逆両方向ともほぼ∞の指示となり，やはり発光しません．

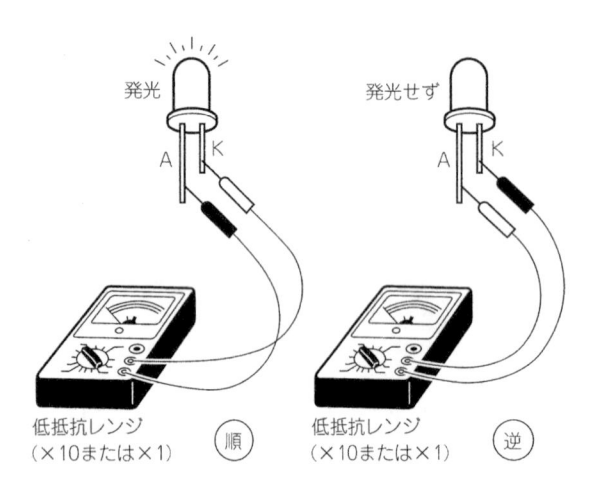

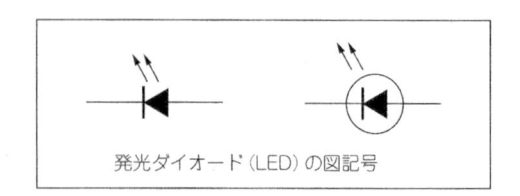

	順方向	逆方向	判定
低レンジ (×10または×1)	○ (発光)	×	良品
	○ (発光せず)	○ (発光せず)	ショート
	×	×	断線

(注) 内蔵電池が3Vの場合

図6.35 発光ダイオード(LED)の判別

● シリコン整流制御素子(SCR)の良否

図6.36に示すSCRでは，同図(a)のようにアノード，カソード間に順，逆どちらの電圧を加えても導通がありません．

しかし，アノード，カソード間に順方向の電圧(E_{AK})を加え，さらにカソードに対しゲートを(+)にする電圧(E_{GK})を瞬間でも加えると，アノードからカソードに向かう電流が流れます．この電流は，E_{GK}を取り去っても流れ続けます．保持電流[注1]以上の場合，E_{AK}をとり去るか，逆電圧を加えないと止まらないという性質があります．

同様に，同図(b)に示すように，アノード，ゲート間をリード線で瞬間でも触れると，アノードからカソードに向かう電流が流れ続けます．

保持電流を考慮して，テスタのΩレンジは最低レンジを使い，電流を多く流します．それでも容量の大きいSCRには，電流不足となる場合があります．

注1：SCRがON(導通)状態を続ける，最低の順方向電流．

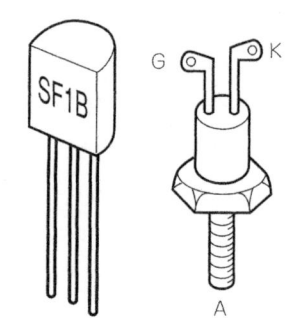

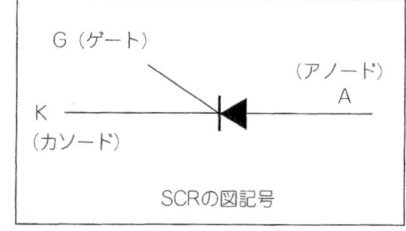

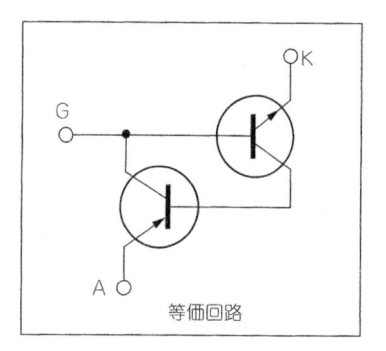

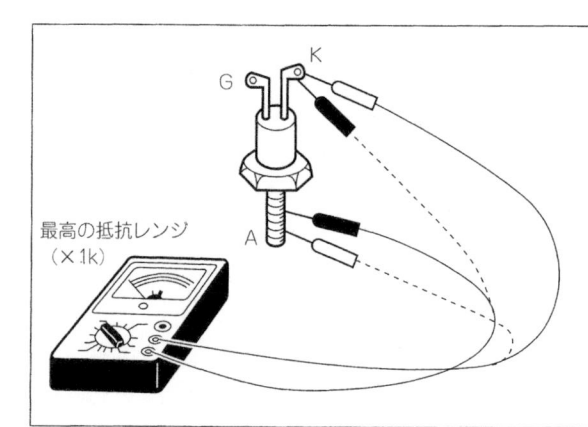

第6章 物理量の測定方法 ● 6.6 デバイスの良否判定

SCRの図記号

等価回路

順方向（実線）	逆方向（点線）	判　定
×（△）	×	良　品
×（△）	△	劣　化
○	○	ショート
△	×	*1

*1：容量の大きいSCRでは順方向の漏れ電流の大きいものがあり，したがって良品．小容量のものでは，漏れ電流は一般に極めて少ない．したがって劣化の疑いもある．

(a) 導通がない

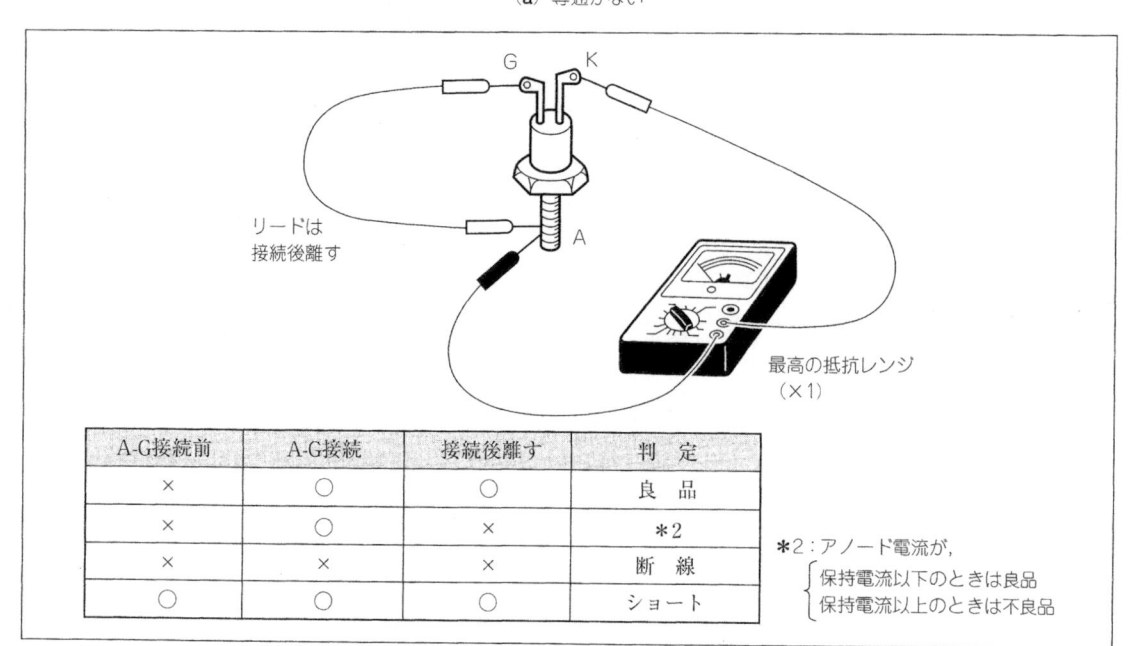

A-G接続前	A-G接続	接続後離す	判　定
×	○	○	良　品
×	○	×	*2
×	×	×	断　線
○	○	○	ショート

*2：アノード電流が，
　　保持電流以下のときは良品
　　保持電流以上のときは不良品

(b) アノードからカソードに電流が流れる

図6.36　シリコン整流制御素子(SCR)の判別

●サーミスタの良否

サーミスタの場合，温度変化に対して－4%/℃の割合で抵抗値が変化します．この性質を利用して，回路の温度補償，温度計（－50〜300℃程度），温度管理制御などの用途に使用され，種類（特性，形状）も豊富です．この素子には整流作用がないため，抵抗レンジの極性には関係ありません．

Ωレンジの選択は，サーミスタの抵抗により決めます．図6.37に示すように，断線の有無，室温時で特性表の抵抗値に近い値かなどをチェックします．

なお，サーミスタを手で持って測定すると，体温により抵抗が変化します．また，電流容量の小さいサーミスタでは，テスタの測定電流で自己加熱し，抵抗が変化する場合があるので注意が必要です．

順方向	逆方向	判　定
○	○	良　品
◎	◎	ショート
×	×	断　線

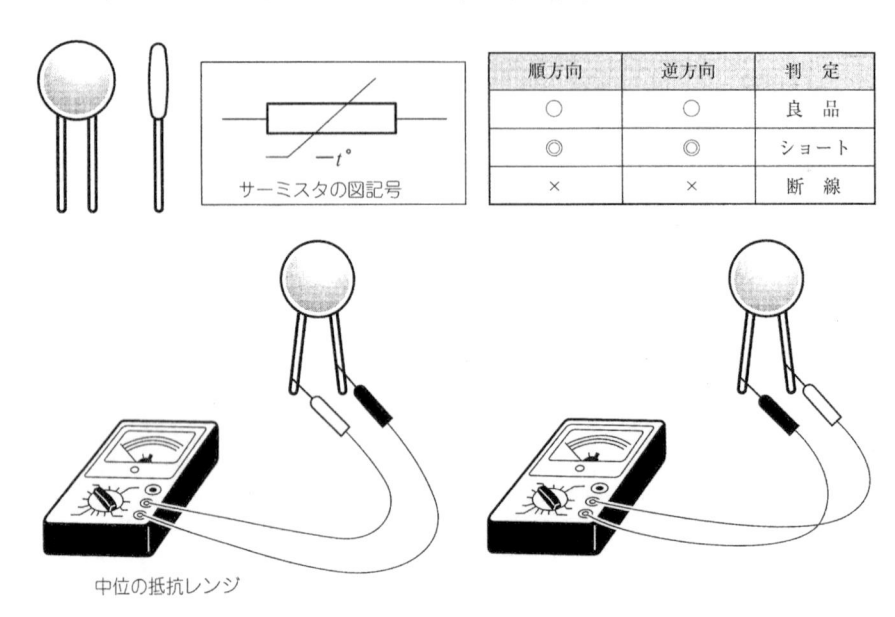

中位の抵抗レンジ

図6.37　サーミスタの判別

●光導電セル（CdS）の良否

光導電セル（CdS）は，透明な受光窓に照射された光の強弱により抵抗値が変化します．この抵抗値は，暗黒状態では絶縁体（数百kΩ〜数十MΩ）ですが，光を受けると急激に減少します．100Lxの照度では，数百Ω〜数千Ωの値になります．

抵抗レンジの違いによる測定値の変化は，ほとんどありません．しかし，測定電流の大きい最低レンジ（×1）では，自己加熱の影響を受ける場合があります．

図6.38に判別方法を示します．光により抵抗値が変化するという特性を利用して，露出計，照度計，TVのABC回路，外灯の自動点滅器などに応用されています．暗黒状態を作る際は，指で押さえただけでは光が入るため，黒く厚い布や紙で覆います．

●トランジスタの良否

トランジスタについてはすでに説明しましたので，ここでは詳しい説明を省略します．トランジスタの良否判別は，図6.39を参考にしてください．

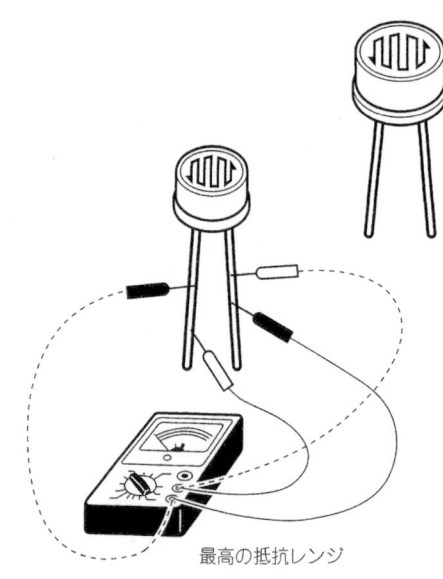

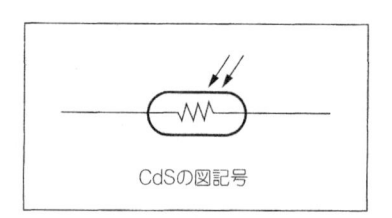

第6章 物理量の測定方法 ● 6.6 デバイスの良否判定

CdSの図記号

	実線方向	点線方向	判 定
暗黒	×	×	良 品
	△	△	*1
	◎	◎	ショート
	○	○	劣 化
光の照射	○	○	良 品
	×	×	断 線

*1：種類により良品の場合も不良品の場合もある

図6.38 光導電セル(CdS)の判別

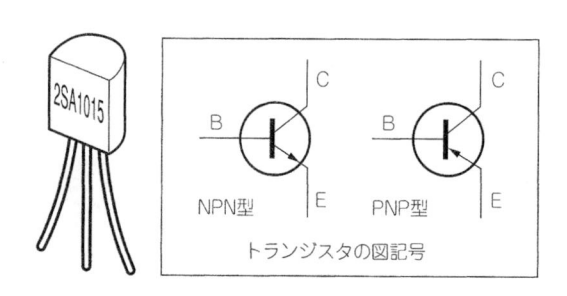

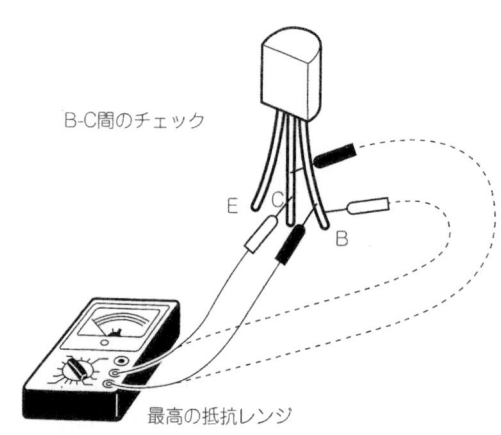

トランジスタの図記号 (NPN型 / PNP型)

B-C間のチェック

B-E間のチェック

最高の抵抗レンジ

B-CおよびB-E間のチェック

実線方向	点線方向	判 定
○	× *1	NPN良品
× *1	○	PNP良品
◎	◎	ショート
×	×	断 線
○	△	NPN劣化
△	○	PNP劣化

*1：ゲルマニウム(Ge)トランジスタでは，メータの振れが良品でも大きいものがある

図6.39 トランジスタの判別

●電界効果トランジスタ(FET)の良否

　FETは接合型とMOS型の2種類に分類されますが，ここでは接合型FETを取り上げて説明します．FETは一般のトランジスタと異なり，ドレインD，ソースS，ゲートGの配置がまちまちです．配置を知るには，規格表(たとえば，CQ出版社刊「最新FET規格表」など)の外形図で調べます．

　FETの良否判別を，図6.40に示します．また参考として，FETの名称の付け方を図6.41に示します．

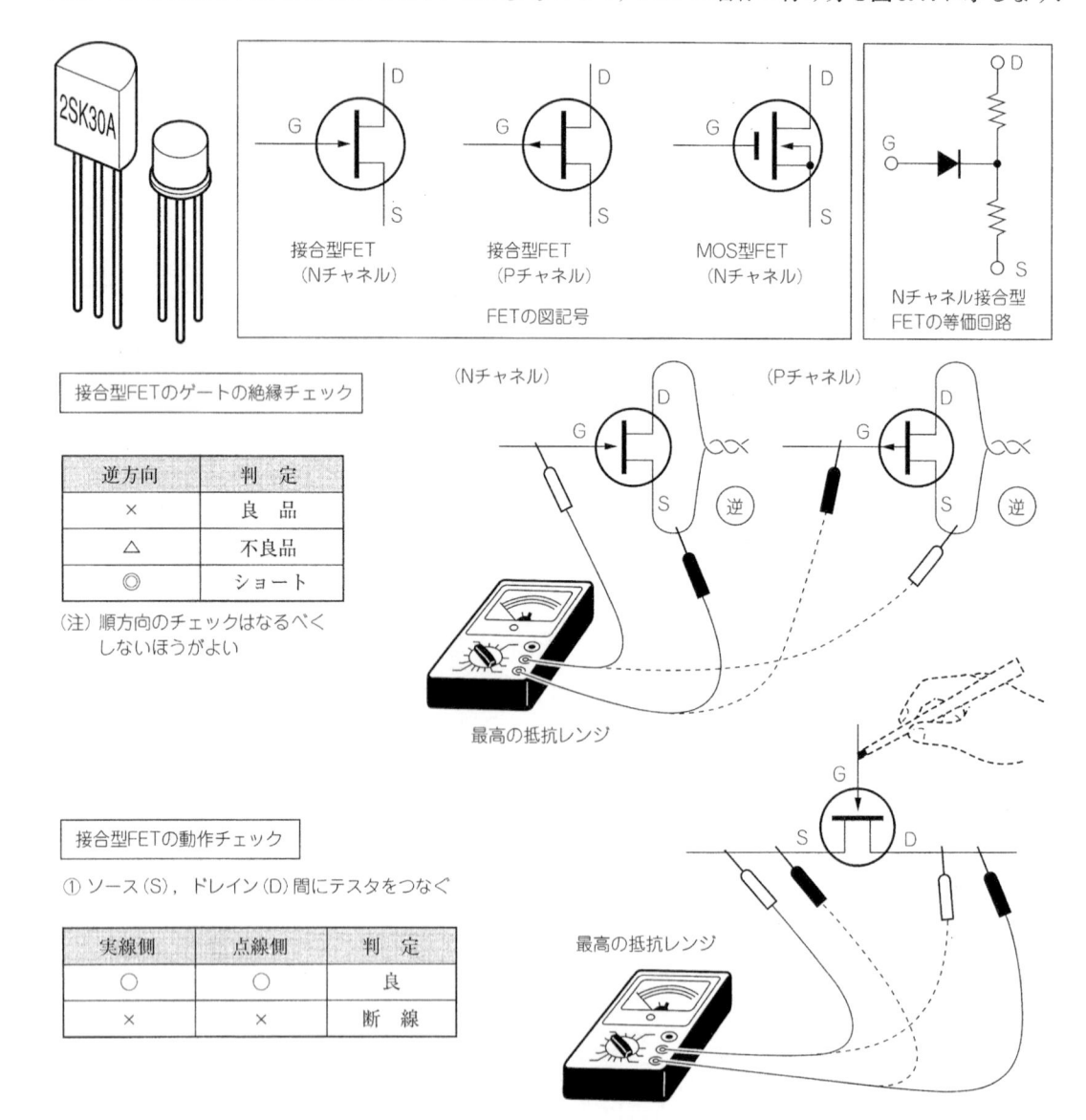

接合型FETのゲートの絶縁チェック

逆方向	判　定
×	良　品
△	不良品
◎	ショート

(注) 順方向のチェックはなるべくしないほうがよい

接合型FETの動作チェック

① ソース(S)，ドレイン(D)間にテスタをつなぐ

実線側	点線側	判　定
○	○	良
×	×	断　線

② 手で持ったピンセットをゲートGに触れるとメータの振れは半減する．離すとメータの振れは元に戻るか0になる．元に戻った場合，ピンセットをゲートGに触れたり離したりして，メータの振れが0になるまで繰り返す．0になってから10数秒たつとメータが振れ始め，ピンセットを触れる前の状態に戻る．このメータの振れの戻る時間が2～3秒と短い場合は，ゲートの絶縁状態があまりよくないと考えられる

図6.40　FETの判別

これから，2SJ型はPチャネルFET，2SK型はNチャネルFETであることがわかります．その後ろの数字は登録番号です．

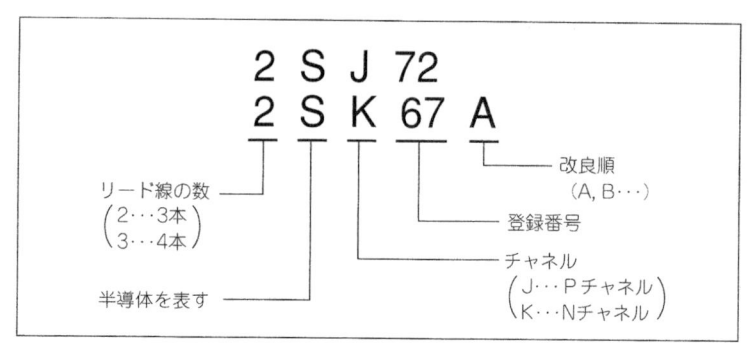

図6.41　FETの名称

● コンデンサの良否

　抵抗計でコンデンサの絶縁抵抗を調べることにより，そのコンデンサの良否をある程度判別することができます．アルミ電解コンデンサのように容量が大きく，絶縁抵抗が比較的低いものは，**図6.42(a)**に示すように測定すると，充電電流と洩れ電流のため，抵抗計の指針の振れは図(**b**)のように一瞬大きく振れます．指針は，時間の経過とともにゆっくり減少し，数秒～数十秒後に一定値に達します．このときの抵抗値は，コンデンサの容量や測定電圧により一定ではありませんが，MΩ級の値または無限大(∞)級の値となります．

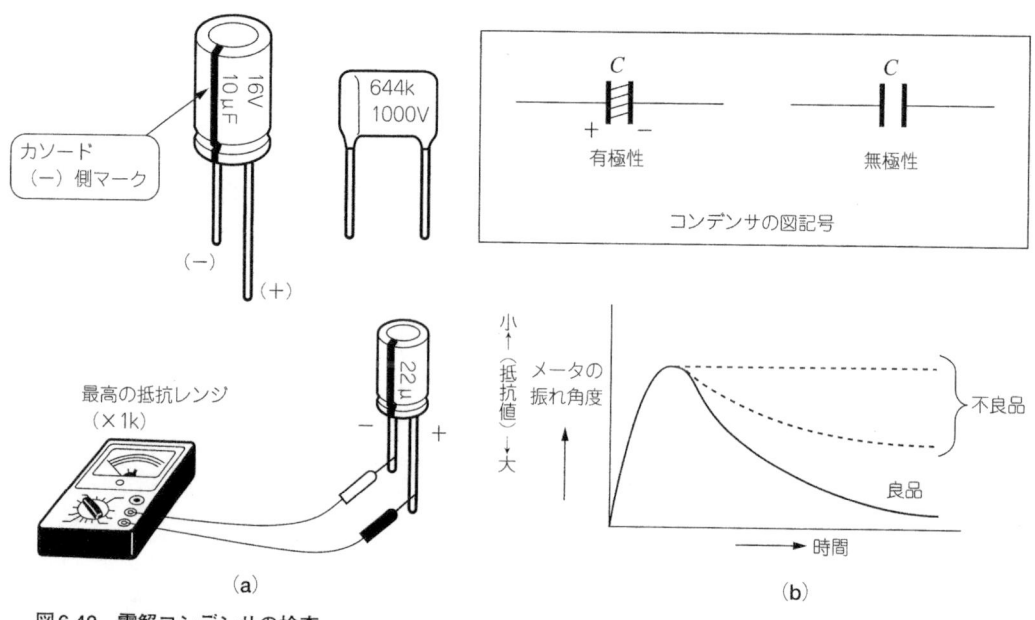

図6.42　電解コンデンサの検査

1μF以下の比較的小容量のコンデンサの場合は充電電流が小さいため，抵抗計の指針は瞬間わずかに振れる程度です．pF級になると，指針はほとんど振れません．アルミ電解コンデンサなど，有極性（＋，－がある）のものではその極性に注意し，テスタの（－）測定端子側にコンデンサの（＋）側をつなぎます．

6.7　インピーダンスの測定

　直流回路において，電圧が一定のとき，電流の大きさは抵抗（正しくは直流抵抗または純抵抗という）によって決まります．これに対して交流回路では，直流抵抗に加えてインダクタンス（コイルなど）や静電容量（コンデンサなど）も抵抗的性質を示すので，これらも考慮する必要があります．交流回路で，これらを合わせた抵抗作用を考えたものが，インピーダンスです．

　インピーダンスは，インダクタンスや静電容量が一定でも，電源の周波数や波形によって変化します．さらに，代数的計算では求められないなど複雑です．ここではインダクタンスや静電容量の測定に際して，簡単な予備知識程度のことを説明します．

● 直流抵抗

　直流抵抗は電源周波数には無関係で，交流でも直流でも同様に作用します．記号は R で表し，単位はオーム（Ω）です．

● リアクタンス

　リアクタンスは，その性質上2種類に分けられます．インダクタンス L の交流に対する抵抗を誘導リアクタンス，静電容量 C のそれを容量リアクタンスと呼びます．前者は X_L，後者は X_C の記号で表され，単位はどちらも直流抵抗と同じオーム（Ω）です．

$$X_L = 2\pi f L \qquad X_C = \frac{1}{2\pi f C}$$

（a）インダクタンスの場合　　　　　　（b）静電容量の場合

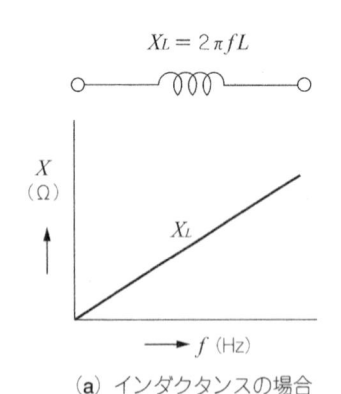

X_L：誘導リアクタンス（Ω）　　　　　X_C：容量リアクタンス（Ω）
f：電源周波数（Hz）（正弦波）　　　　π：円周率（3.14）
L：インダクタンス（H）　　　　　　　C：静電容量（F）

図6.43　周波数によるリアクタンスの変化

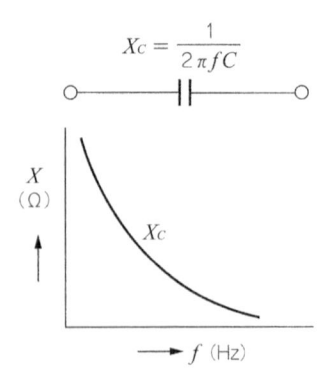

リアクタンスは，それぞれ電源周波数によってその値が変化し，誘導リアクタンスは周波数に比例し，容量リアクタンスは周波数に反比例します（図6.43）．図6.44に，コイルとコンデンサの周波数に対するリアクタンス図表を示します．

[計算例1] 100mHのインダクタンスは，電源周波数50Hzに対して何オーム（Ω）のリアクタンスを示しますか．

$$X_L = 2\pi f L = 2\pi \times 50 \times 100 \times 10^{-3} = 31.4\,\Omega$$

[計算例2] 250pFの静電容量（コンデンサ）は，電源周波数60Hzに対して何オーム（Ω）のリアクタンスを示しますか．

$$X_C = \frac{1}{2\pi f C} = \frac{1}{2\pi \times 60 \times 250 \times 10^{-12}} = 10.6\,\mathrm{M}\Omega$$

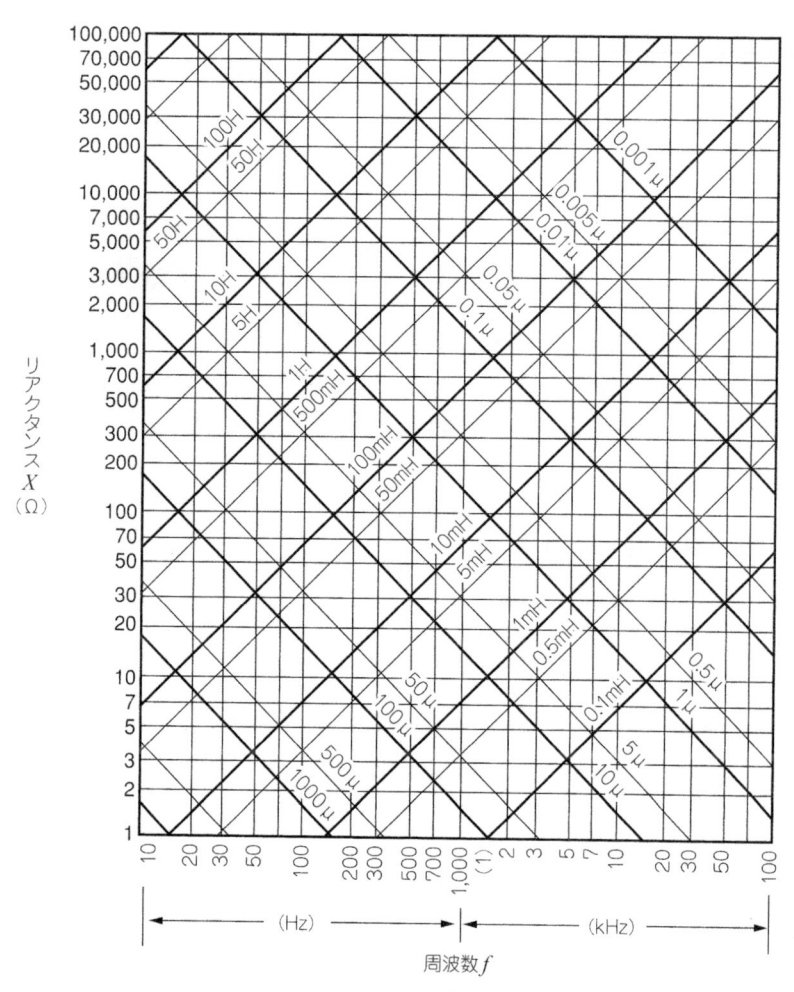

図6.44 インダクタンス（コイル）と静電容量（コンデンサ）の周波数に対するリアクタンス

● インピーダンス

インピーダンスは，直流抵抗RおよびリアクタンスXからなる交流に対する抵抗です．その大きさ（絶対値）Zは，次のような計算で求めます．単位はオーム（Ω）です．**図6.45**に示すR, L, Cの直列回路のインピーダンスZは，

$$Z = \sqrt{R^2 + (X_L - X_C)^2}$$
$$= \sqrt{R^2 + \left(2\pi fL - \frac{1}{2\pi fC}\right)^2}$$

で表され，やはり周波数に対して変化します．これも単位はオーム（Ω）です．

出力トランスやスピーカに，7kΩや16kΩなどと表示されていますが，これは周波数1kHzにおけるインピーダンスです．テスタの抵抗レンジで測定しても，その一割程度の値（コイルの直流抵抗）しか指示しません（**図6.46**）．

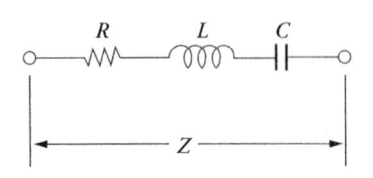

図6.45 R, L, Cの直列回路

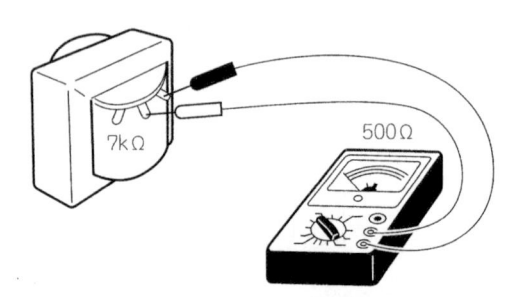

図6.46 インピーダンスは抵抗計では測定できない

[計算例3] 直流抵抗（以後，単に抵抗という）が2000Ω，インダクタンスが1000mH（1H），静電容量0.5μFのR, L, C直列回路のインピーダンスZは何オーム（Ω）になりますか．ただし，電源周波数は50Hzとします（**図6.47**）．

$R = 2000\,\Omega$

$X_L = 2\pi \times 50 \times 1000 \times 10^{-3} = 314\,\Omega$

$X_C = \dfrac{1}{2\pi \times 50 \times 0.5 \times 10^{-6}} = 6369\,\Omega$

$\therefore Z = \sqrt{R^2 + (X_L - X_C)^2} = \sqrt{2000^2 + (314 - 6369)^2} = 6377\,\Omega$

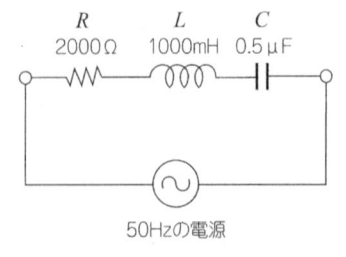

図6.47 計算例3の回路

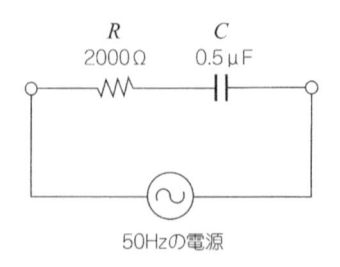

図6.48 計算例4の回路

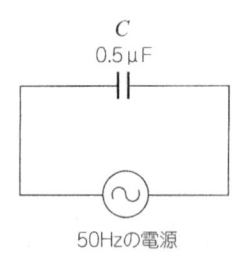

図6.49 計算例5の回路

[計算例4] 図6.48に示す回路のインピーダンスは，何オーム（Ω）になりますか．

$R = 2000\,\Omega \qquad X_L = 0\,\Omega$

$X_C = \dfrac{1}{2\pi \times 50 \times 0.5 \times 10^{-6}} = 6369\,\Omega$

$\therefore Z = \sqrt{R^2 + (X_C)^2} = \sqrt{2000^2 + (6369)^2} = 6676\,\Omega$

[計算例5] 図6.49に示す回路のインピーダンスは，何オーム（Ω）になりますか．

$R = 0\,\Omega \qquad X_L = 0\,\Omega \qquad X_C = 6369\,\Omega$

$\therefore Z = \sqrt{(X_C)^2} = X_C = 6369\,\Omega$

以上，三つの計算例から，単独の直流抵抗RやリアクタンスX_LまたはX_Cは，インピーダンスの特殊な場合と考えられます．

6.8 インダクタンスの測定

● 電圧降下法を利用したインダクタンスの算出法

外部電源を利用するインダクタンス測定レンジ付きのテスタは，最近ではほとんど見かけなくなりました．その原因として，インダクタンスは抵抗や静電容量と比較すると，回路部品としてあまり使用されないことや，測定精度が低いことなどがあげられます．ここでは，値がわかっている抵抗器の電圧降下とインダクタンスの電圧降下の比較から，計算によりインダクタンスの値を求める方法の一例を説明します．

直列回路で，各インピーダンスの電圧降下はそのインピーダンスに比例するため，その電圧降下を測定することにより，インダクタンスが求められます．図6.50で，Rは値の判明している抵抗，X_Lは未知のリアクタンスです．それぞれの電圧降下を測定してV_RおよびV_Lを得たとします．

$\dfrac{V_R}{R} = \dfrac{V_L}{X_L}$ （ただし，$X_L = 2\pi f L$）

この関係から，未知インダクタンスLは，コイルの直流抵抗を無視すれば，

$L = \dfrac{R}{2\pi f} \times \dfrac{V_L}{V_R}$

L：インダクタンス〔H〕
R：抵抗〔Ω〕
V_L：インダクタンスの電圧降下〔V〕
V_R：抵抗の電圧降下〔V〕
f：電源周波数〔Hz〕

として求められます．この方法では，交流電圧はとくに何Vと限られたものではなく，あり合わせのトランスの電圧を利用できます．交流電圧発生器があると，より理想的です．なお，測定誤差を少なくするためには，RとX_Lが同程度の値となるようにし，RやX_Lと比べて数十倍のテスタの内部抵抗が必

要になります．この算出方法では，コイルの直流抵抗を無視しました．その直流抵抗が，リアクタンスに比べて10％以上になると誤差が大きくなります．

[計算例] 図6.50で，$R=5\,\mathrm{k}\Omega$の電圧降下が60V，V_Lの電圧降下が80V，電源周波数は50Hzでした．インダクタンスLはいくらになりますか．ただし，インダクタンスの直流抵抗は無視します．

$$L = \frac{R}{2\pi f} \times \frac{V_L}{V_R} = \frac{5000\,\Omega}{2\pi \times 50\,\mathrm{Hz}} \times \frac{80\,\mathrm{V}}{60\,\mathrm{V}} \fallingdotseq 21\mathrm{H}$$

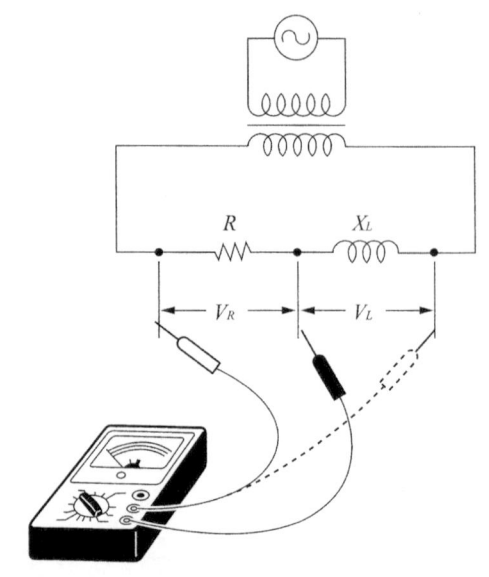

図6.50 電圧降下法によるインダクタンスの測定

6.9 静電容量の測定

テスタの静電容量の測定レンジは，次の二つに分けられます．スケールはあるが別に交流電源を必要とするものと，テスタ自身が測定用電源を内蔵しているものです．

● 別電源（外部電源）を使用して測定する方法

この方法は，前項の電圧降下を利用したインダクタンスの測定に準じますので，詳しい説明は省略します．

図6.51に示すように，抵抗の電圧降下V_Rと静電容量の電圧降下V_Cを，テスタの交流電圧レンジで測り，次の計算式から静電容量の値$C\,[\mu\mathrm{F}]$を求めます．

$$C = \frac{1}{2\pi fR} \cdot \frac{V_R}{V_C} \cdot 10^6\,[\mu\mathrm{F}]$$

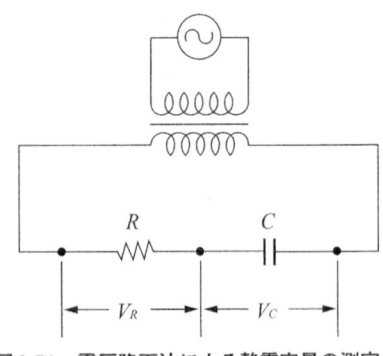

図6.51 電圧降下法による静電容量の測定

● 電源内蔵式静電容量測定レンジ

このレンジの測定原理を，図6.52で簡単に説明します．テスタ内に交流電源を内蔵しているため，抵抗測定と同様に静電容量の測定を簡単に行うことができます．

図6.52はその一例で，トランジスタなどの発振回路です．電池の直流電圧を1kHz前後の交流に変換し，この交流電圧を測定電源とします．まず，発振回路で直流が交流に変換され，その電圧が測定端子$T_1 \sim T_2$間に加わります．

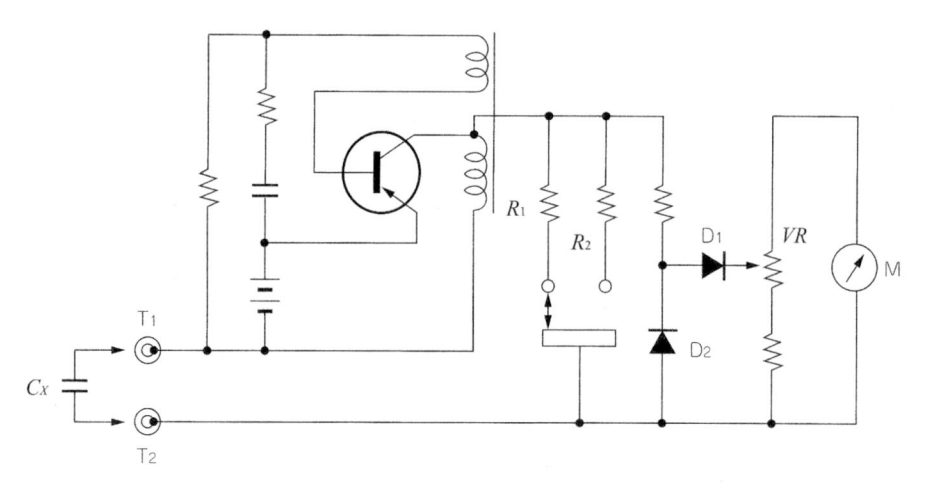

図6.52 静電容量の測定回路例

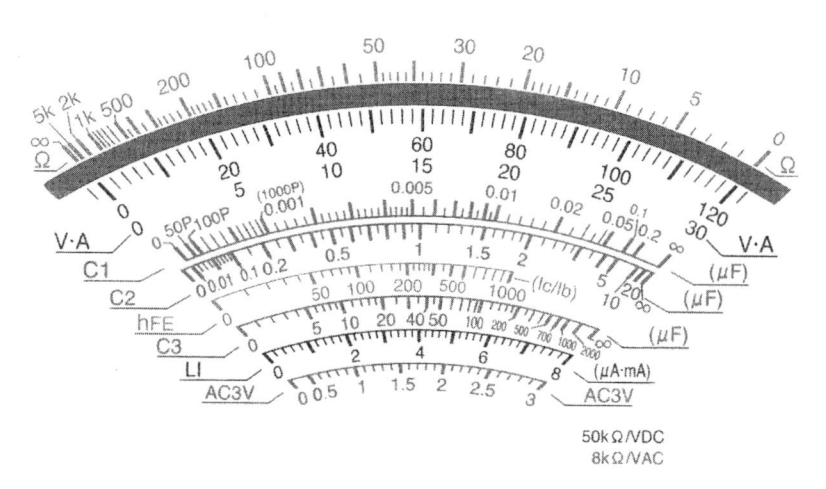

図6.53 静電容量測定目盛の一例(電源内蔵式)

被測定容量C_xがつながっていれば，C_xを通した交流電圧がD_1，D_2からなる整流回路に加わり，直流化されてメータMを動作させます．この動作電流は，C_xの値が大きいほど大きくなり，図6.53に示すようなスケールで，静電容量の測定が行えます．

なお，VRは可変抵抗器です．発振出力の変動に対する指示を補正し，R_1，R_2は測定レンジ拡大用のシャント抵抗です．測定範囲は100pF～10μFで，外部電源式と比較して広範囲の測定が可能です．

6.10 低周波出力の測定

● 概要

ラジオやオーディオ・アンプなどの可聴周波数（20～20,000Hz）の信号出力（電圧・電流・電力）を，低周波出力と呼んでいます．低周波出力の測定には，交流電圧レンジを使用しますが，交流電圧の測定の場合とは少し異なります．信号出力には，直流に交流が重なった形のものがあります．この場合は，不要な直流分を除いて測定します．

図6.54に示すように，テスタと直列にコンデンサ（0.1μF以上のフィルム・コンデンサなど無極性のもの）を接続します．不要な直流分を除き，交流信号分だけを測定することができます．

(a) 直流分をコンデンサ C_c でカットする

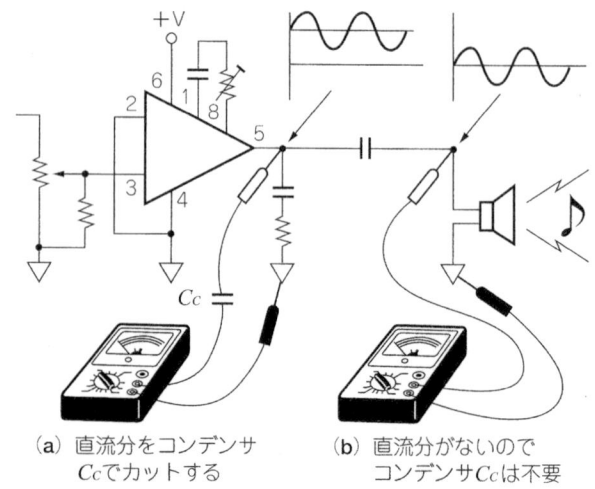

(b) 直流分がないのでコンデンサ C_c は不要

図6.54　低周波出力の測定

コンデンサ接続端子（OUTPUT）を持つテスタでは，その端子を使用します．直流分が加わっていない場合は，コンデンサを使用するか，しないかにかかわらず，ほとんど同じ結果が得られます．直流分の有無を調べるには，直流電圧レンジに切り替えて測定します．メータが振れれば，信号中に直流分が含まれることを示します．

● dB（デシベル）について

アンプにとって，入力と出力の比率（利得や損失）は重要な要素です（図6.55）．一般的にこの比率を常用対数にとり，10倍してデシベル（dB）単位で表します．

$$\mathrm{dB} = 10 \cdot \log_{10} \frac{P_{out}}{P_{in}}$$

このようにdBで表すことにより，図6.56に示すようなアンプの総合利得 G を求める際に，それぞれの利得が判明していれば，その総和として簡単に求めることができます．

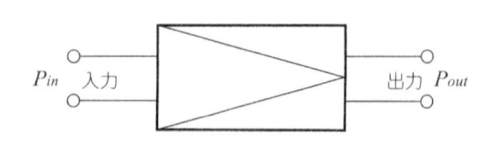

図6.55　入力と出力の関係

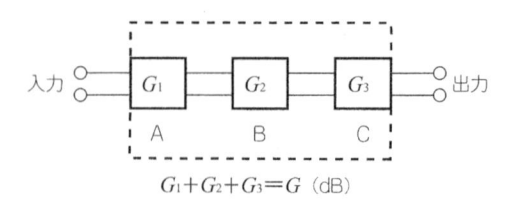

$G_1 + G_2 + G_3 = G$ （dB）

図6.56　アンプの利得

第6章 物理量の測定方法 ● 6.10 低周波出力の測定

●テスタに使われているdBについて

入力と出力の比率についてこれまで説明してきましたが，出力の大きさを単独で表す場合や，ほかのアンプの出力と比較する場合には，基準値を決めておくと便利です．一般的に，電力1mWがその基準値になっています．4mWをdBで表せば，次のようになります．

$$10 \cdot \log_{10} \frac{4\mathrm{mW}}{1\mathrm{mW}} = 10 \cdot \log_{10} 4 = 10 \times 0.6 = 6\mathrm{dB}$$

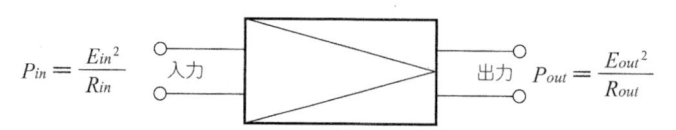

$$P_{in} = \frac{E_{in}^2}{R_{in}} \quad\quad P_{out} = \frac{E_{out}^2}{R_{out}}$$

図6.57 電力比較のdBを求める

テスタでは直接電力の測定はできません．しかし，次の関係から，電圧を測定することにより，電力としてのdB値を求めることができます（図6.57）．

$$P = \frac{E^2}{R} \quad \mathrm{dB} = 10 \cdot \log_{10} \frac{E_{out}^2/R_{out}}{E_{in}^2/R_{in}}$$

ここで，入力インピーダンスR_{in}と出力インピーダンスR_{out}が等しい場合は，次のように表せます．

$$\mathrm{dB} = 10 \cdot \log_{10} \frac{E_{out}^2}{E_{in}^2} = 10 \cdot \log_{10} \left(\frac{E_{out}}{E_{in}}\right)^2 = 20 \cdot \log_{10} \frac{E_{out}}{E_{in}}$$

テスタで使用されるdBには，次のような決まりがあります．
「600Ωの負荷インピーダンス（純抵抗）で消費される電力が，1mWであるような出力を0dB（0dBm）とする」

基準値に対するdBは，測定点のインピーダンスが600Ωであれば電圧の測定値$E(\mathrm{V})$に対し，

$$\mathrm{dB} = 20 \cdot \log_{10} \frac{E(\mathrm{V})}{0.775(\mathrm{V})} \quad ^{注2}$$

となり，次の関係が成り立ちます．

$$20 \cdot \log_{10} \frac{E(\mathrm{V})}{0.775(\mathrm{V})} \mathrm{dB} = 10 \cdot \log_{10} \frac{P(\mathrm{mW})}{1(\mathrm{mW})} \mathrm{dB}$$

注2：0dBのときの電圧値E_0は，

$$P_0 = \frac{E_0^2}{R_0} \text{から} \quad\quad P_0：基準電力（1\mathrm{mW}）$$
$$R_0：基準インピーダンス（600Ω）$$

$$E_0 = \sqrt{P_0 \times R_0} = \sqrt{0.001\mathrm{W} \times 600Ω} \fallingdotseq 0.775\mathrm{V}$$

となり，0.775Vが電圧の基準値0dBであることがわかる．

[計算例] 3.1VをdBで表しなさい．ただし，測定点のインピーダンスは600Ωとします．

$$dB = 20 \cdot \log_{10} \frac{3.1(V)}{0.775(V)} = 20 \cdot \log_{10} 4 \fallingdotseq 20 \times 0.6 = 12$$

以上より，3.1Vは12dBに相当します．

このような関係を電圧の各点について計算し，目盛化したものがテスタのdBスケールです（図6.58）．

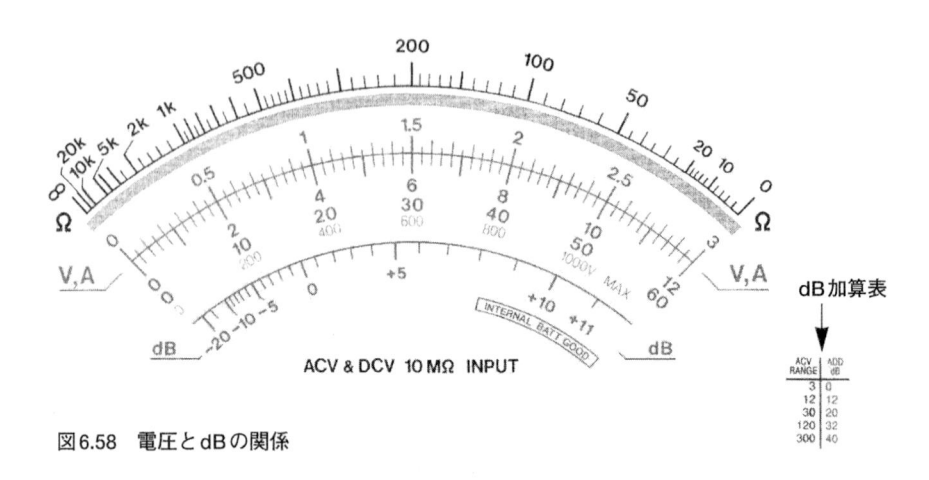

図6.58 電圧とdBの関係

アンプなどの利得や損失をテスタで調べるには，入力側と出力側のdB値を測定し，その差から求めます．

（利得または損失）＝（出力のdB値）－（入力のdB値）

この値が正であれば利得，負であれば損失です．

ここで，基準インピーダンスの600Ωが問題となります．一般的な測定では，測定のインピーダンスが600Ωとは限りません．相対的[注3]ではなく単独で考えると，測定点のインピーダンスが600Ω以外では，上記の関係は崩れてしまい，単なる電圧比較のdB値となってしまいます．

$$dB = 10 \cdot \log_{10} \frac{P}{P_0} \neq 20 \cdot \log_{10} \frac{E}{0.775(V)}$$

したがって，測定点のインピーダンスによっては，テスタの測定値が14dBであっても，電力比較のdB値は10dBかもしれないし，20dBかもしれません．そのため，入力インピーダンスまたは出力インピーダンスの一方，または両方が600Ωでない場合は，dB加算グラフ（図6.59）を用いて電力比較のdB値を求めます．

注3： 利得や損失のように，入力と出力の相対的関係を求める場合には，その測定点のインピーダンスが600Ωでなくても問題はない．両者のインピーダンスが等しければ，電力比較のdB値を求めることができる．

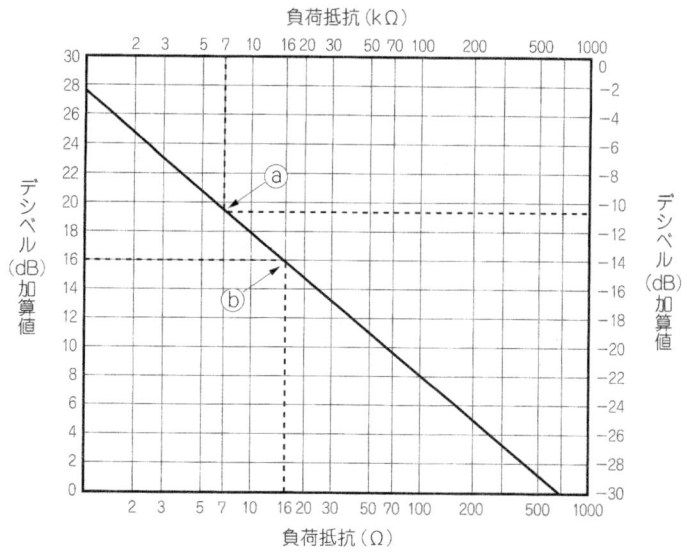

図6.59 dB加算値グラフ

●dB測定でレンジを切り替えた場合

通常のテスタでは，−20〜12dB（電圧値に換算して3V以下）程度しか目盛がありません．それ以上の出力測定ではレンジを切り替え，定められた数値を加算して指示を読みます．

図6.58の左側はAC Vレンジ，右側は加算値で，加算値0のレンジが基準になります．図6.58では，AC 3Vレンジが基準です．AC 3Vレンジをほかに切り替えた場合は，スケールdBの読み取り値に，切り替えたレンジの加算値を加えた値になります．たとえば，12Vレンジの測定で，dBスケールの3.1を指示するとします．12Vレンジの加算値は12になり，実際の値は(0＋12)dBです．加算表がない場合は，表6.2から加算値を求めます．

dBスケールのある3Vレンジから120Vレンジに切り替えた場合は，倍率が40になり32が加算値です．

表6.2 加算値を求める表

倍率＝$\left(\dfrac{切り替えたレンジ(V)}{dBスケールのあるレンジ(V)}\right)$	加算値
2 倍	6 dB
4 倍	12 dB
5 倍	14 dB
10 倍	20 dB
40 倍	32 dB

●測定点のインピーダンスが600Ω以外の場合の出力測定

測定点のインピーダンスが600Ω以外の場合，テスタのdBスケールは単なる電圧比較のdB値になります．そのため，電力比較の目安にならないことは，すでに説明しました．600Ω以外のインピーダンスにおける電力比較のdB値は，テスタによるdB測定値に図6.59で求めた加算値を加え，600Ω，1mWを基準にした値になります．

[加算値の求め方]

　測定点のインピーダンスが，7kΩの場合を考えてみます．図6.59で，負荷抵抗軸（横軸）上の7kΩ点からの垂直な線と斜線との交点ⓐを求め，右側をみれば（−10.5dB）が加算値です．600Ω以下の負荷抵抗ではグラフの左側の加算値を，600Ω以上では右側の加算値をそれぞれ読みます．600Ωのとき，加算値は0です．

　測定点のインピーダンスが，16Ωの場合も同様です．負荷抵抗軸上の16Ωと斜線との交点ⓑを求め，左側をみれば16dBが加算値です．

　たとえば，測定値が31.5dB，測定点のインピーダンスが7kΩであれば，真値は31.5dB＋（−10.5dB）＝21dBです．

● 直流阻止用コンデンサの影響

　直流成分を含んだ信号の交流信号分のみを測定する場合には，直流分を除くために，テスタと直列にコンデンサをつなぎます．しかし，出力電圧の周波数が低いとコンデンサのリアクタンスは高く（0.1μFのリアクタンスは1kHzで1.6kΩ）なり，電圧計の倍率器からみて無視できない値となり，測定誤差が生じます．したがって，周波数の低い（1kHz以下）場合は，10μF以上のコンデンサを使用します．

● 周波数と波形の影響

　低周波出力の測定でも，交流電圧測定の場合（6.4項参照）と同様，周波数や波形の影響を受けます．しかし，相対的な比較測定（利得，損失）では，それぞれ同程度の割合で影響を受けるため，あまり問題になりません．

6.11　高電圧の測定

● 高圧プローブ

　テスタで測定可能な最大電圧は，その構造上，また危険防止の意味からも1kV，高くて数kVが限界です．しかし，テレビ受信機の修理サービスなどでは，テスタで20kV前後の高電圧測定が要求されます．

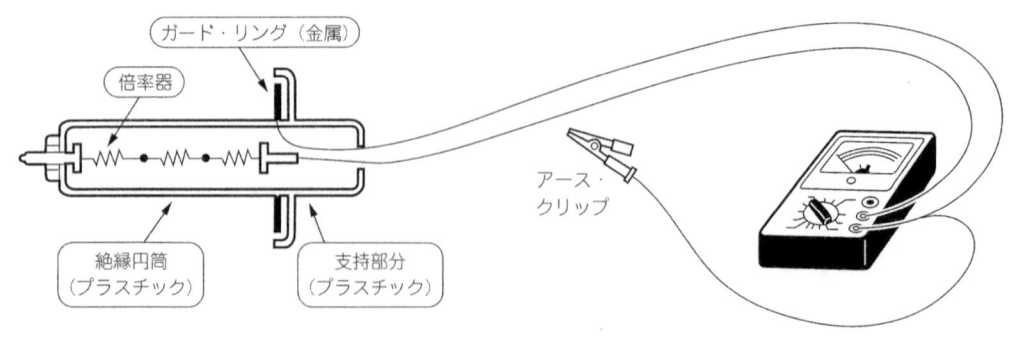

図6.60　高圧プローブの構造

ここで，テスタで安全に高電圧測定を行うための条件を考えてみます．高電圧を測定する場合でも，オームの法則はそのまま適用されます．そのため理論上は，電圧計の倍率器は，電圧に比例した大きな値の抵抗にすればよいことになります．しかし一般的に，テスタ内部の配線やロータリ・スイッチ，テスト・リードの絶縁は，高電圧に対応していないため，20 kV の電圧が加わると危険です．この危険を避けるために，テスタの外で電圧をドロップさせ，テスタやテスト・リードに直接高電圧が加わらないようにします．このような目的のために作られたのが，高圧プローブです（**図6.60**）．

プローブが使用したテスタの付属品であれば，プローブを使用した場合の指示は，指示値にその倍率をかけた値になります．ほかのテスタのプローブの場合は，次のように指示値に対する倍率を求めます．

$$（倍率）= \left(\frac{プローブの抵抗（MΩ）}{テスタ使用レンジの内部抵抗（MΩ）} + 1 \right)$$

たとえば，1000 V（10 kΩ/V）のテスタに，90 kΩ のプローブをつなぐと倍率は，

$$倍率 = \left(\frac{90 \text{MΩ}}{10 \text{MΩ}} + 1 \right) = 10$$

となり，1000 V のスケールを 10 倍して指示を読むことになります．

● 測定例

図6.61 は，ブラウン管のアノード電圧の測定です．テレビ受信機のブラウン管のアノード電圧は，十数 kV の高電圧が加わっています．感電しないように注意して測定します．

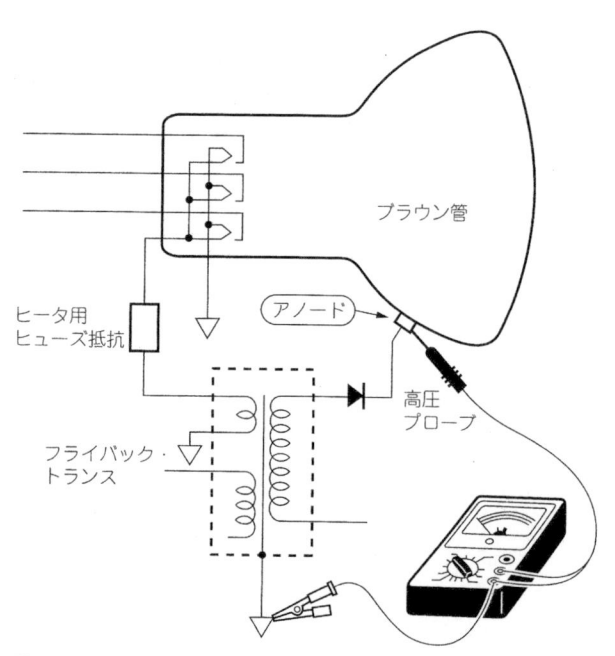

図6.61　ブラウン管のアノード電圧測定

まず，プローブのリードをテスタ測定端子に接続し，アース・クリップをテレビのシャーシにはさみます．次にプローブの支持部分を持ち，先端のピンを高圧整流ダイオードまたはブラウン管のアノードにあてて測定します．低感度のテスタ（1～2kΩ/V）で測定すると，指示値は実際より10～20％低下します．

●注意
高圧プローブを使用したとしても，安全上，送配電線やキュービクル内の高圧など，強電の測定は絶対に行わないでください．万一，測定ミスをしたり，プローブが故障した場合，人身事故となる場合があります．

6.12 温度の測定

一般的に，温度の測定にはアルコール温度計や水銀温度計が多く使用されます．しかし，これらの温度計は，棒状に長いため，せまい場所や密閉された場所での測定には適しません．このような場所の温度を測定するには，熱電対やサーミスタを利用した，温度検知部と温度表示部とが分離できる"電気的"な温度計を用います．

ディジタル・マルチメータの場合は，サーミスタのほか，熱電対や白金薄膜測温体を使用して測定できるものもありますが，測温体の特性に合った温度測定専用レンジが必要になります．

●サーミスタ温度計
サーミスタ温度計は，温度変化を電気的変化に変換するので，電気的に温度を測定できます．図6.62は，サーミスタ温度計の原理図です．サーミスタ（感熱部），メータ，直流電源などで構成されます．

サーミスタは，温度に対して非常に敏感です．常温で＋1℃の温度変化に対して，その抵抗値は約－4％変化します．したがって，サーミスタを定電圧電源に接続し，温度と電流（指示）の関係を求めれば，感度のよい温度計ができます．

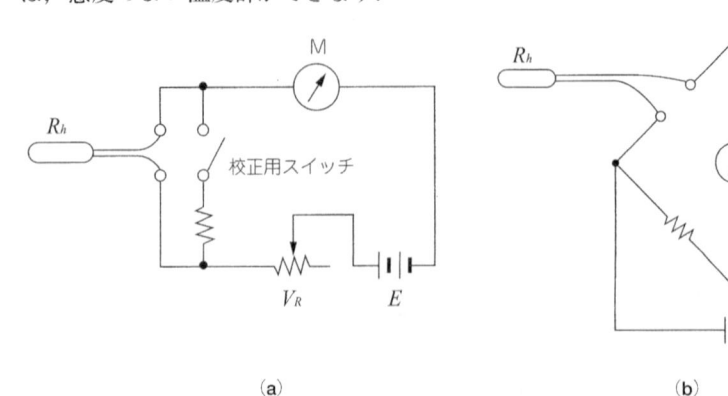

R_h：サーミスタ
V_R：校正用可変抵抗器
M：直流メータ
E：直流電圧

図6.62 サーミスタ温度計の原理

アルコール温度計や水銀温度計と比較して，サーミスタ温度計には，次のような利点があります．

サーミスタのリード線を延長すれば，数メートル離れた場所，目の届かない場所の温度測定が可能です．また，感熱部が非常に小さいため，温度変化の追従性に優れています．

温度に対して，サーミスタの抵抗値は一定の関係にあります．逆に，抵抗値がわかれば，温度がわかることになります．すなわち，テスタの抵抗レンジを使用し，スケールに抵抗値のかわりに温度を目盛れば，直読式の温度計ができます．これが，テスタ型温度計です．測定温度範囲は，－50℃～＋300℃程度です．

●温度測定上の注意

(1) センサを被測定物に密着固定させます．
(2) センサの種類により特性があるため，センサの測定温度範囲を確認します．
(3) アルコール温度計などと比較して，追従性にすぐれた指示を行いますが，指示が安定するまでに15～20秒程度の時間が必要です．
(4) 水も含めて，導電性のある液体の温度測定の場合は，リード線間に電流が漏洩しないように測定します．

熱電対温度測定は，第4章の4.8項を参照してください．

6.13 バッテリ・チェック

テスタと関係のある電池には，表6.3に示すようなものがあります．

表6.3 テスタに使用されている乾電池一覧

電池の種類			公称電圧	負荷抵抗（電流）
マンガン乾電池	円筒型	単1型（R20）	1.5V	10Ω
		単2型（R14）		10Ω
		単3型（R6）		75Ω
		単4型（R03）		75Ω
	積層型	6F22（S-006P）	9V	600Ω
アルカリ・マンガン乾電池	円筒型	LR-20	1.5V	2Ω
		LR-14		4Ω
		LR-6		10Ω
	積層型	6LR-61	9V	240Ω
Ni-Cd電池	円筒型	NR-D	1.2V	(350mA)
		NR-C		(165mA)
		NR-AA		(45mA)
酸化銀電池	ボタン型	SR44（G13）	1.55V	510Ω

● 電池の電圧測定

単1～単5型のマンガン乾電池やアルカリ乾電池の電圧は1.5V，また6F22型積層電池の電圧は9Vと表示されています．これを公称電圧といいます．実際にテスタで測定すると，新品の電池ではこれより約5～10%程度高い電圧値を示します．古い電池では，電圧が公称電圧以下になり，マンガン乾電池の場合は約1.2Vで寿命が終わったといえます．

● バッテリ・チェック・レンジの原理と測定

「BATT・CHECK」，「BATT・TEST」などでレンジ表示します．新品の電池は，負荷（抵抗器，ランプ，トランジスタ回路，そのほか電池から電流を供給されるもの）をつないでも，その端子電圧はあまり変化しません．古い電池では，負荷をつなぐと端子電圧が低下します．これは，電池内の電解物質が変化し，起電圧が低下するとともに，内部抵抗が増加するためです．

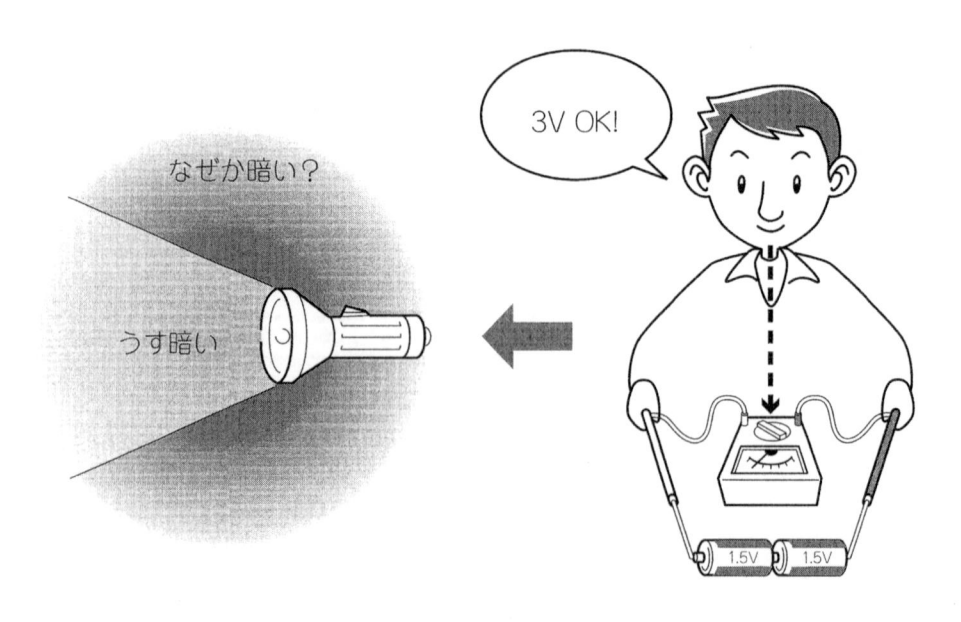

図6.64で電池の端子電圧Vは，$V = E - I \cdot r$です．取り出す電流Iが一定ならば，電池の内部抵抗rが大きいほど$I \cdot r$（電圧降下）が大きく，逆に端子電圧Vは低くなります．同規格の電池であれば，Vが低いほど消耗していることになります．

「この電池は，まだ使えるかどうか？」などの判断に迷う場合があります．たとえば，「テスタで乾電池の電圧を測ると1.5Vあるのに，懐中電灯は暗くて使えなかった」ということがあります．テスタでは，電圧レンジの内部抵抗が数kΩ以上あります．これに対して，電池から取り出す電流Iは，数百μAの小さな値です．したがって，電池が古くて内部抵抗が高くても電圧降下（$I \cdot r$）は小さく，端子電圧もあまり低下しません．

しかし，懐中電灯では数百mAの電流を必要とし，電池の内部抵抗が高いと電圧降下も大きく，暗くなります．このように，一般の電圧計では起電力の低下は判定できますが，内部抵抗の増加は判定できません．

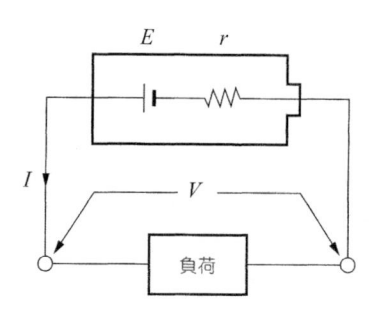

図6.64 電池の端子電圧

バッテリ・チェック・レンジは，電池の二つの要素(起電力と内部抵抗)を合わせて判定します．図6.65に示す回路で，実際に電池をテスタの測定端子につなぐと，10Ωや100Ωなどの抵抗を負荷として接続するようになっています．

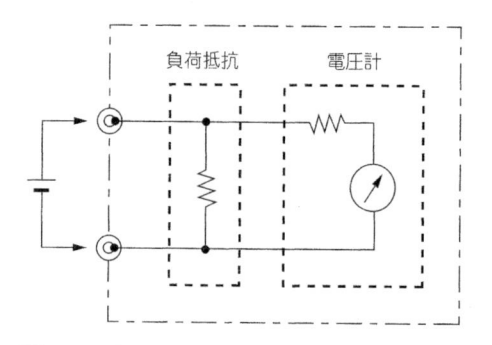

図6.65 バッテリ・チェックの原理図

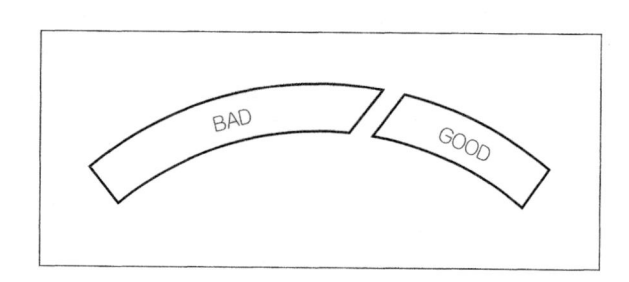

図6.66 バッテリ・チェック目盛の例

図6.66に，スケールの例を示します．GOODの指示では「電池は良品」，BADでは「不良品(消耗品)」の判定です．BADでは，早急に新品の電池と交換します．BADとGOODの中間では，電池交換の時期であることを示します．このレンジではパネルやスケールに，たとえば10Ωや150mAなどと，負荷抵抗もしくは負荷電流の値が記入されています．

なお，負荷の抵抗は電池の種類や大きさにより，選定します．表6.3に，目安となる抵抗値を示しておきます．

第7章
いろいろな回路を測定してみる

7.1 ラジオ/テレビなどの回路図中の電圧について

　トランジスタ・ラジオなどの回路図で，図中に記入されている各部の電圧は，アースとICなどの各電極間を，特定の内部抵抗をもったテスタで測定した標準値です．したがって，回路図に記入されている電圧がアナログ・テスタによるデータであれば，内部抵抗が大きく精度の高いディジタル・マルチメータで測定しても，測定結果は必ずしも一致しません．すなわち，回路図のデータが，どのような測定器によって測定された値なのかを確認することが必要です．

7.2 テスタの内部抵抗と指示値

　第6章の6.3項中の「電圧計の内部抵抗と回路への影響」の節では，単純な回路を使用して，内部抵抗の大きさが異なる電圧計で高抵抗と低抵抗の回路をそれぞれ測定した場合の理論上（計算上）の測定誤差について調べました．
　低抵抗回路の測定では，使用する電圧計の内部抵抗による指示差はほとんどみられませんでしたが，高抵抗回路では使用する電圧計の内部抵抗の違いによる影響が大きいことがわかりました．そこで，これを確認する意味で，旧タイプのトランジスタ・ラジオの低周波増幅回路（図7.1）を，内部抵抗が$25k\Omega/V$，および$2k\Omega/V$の二つのアナログ・テスタで，使用するレンジを同じにして測定してみます．
　測定する部分によっては，Ω/Vにより測定値に差が出ています．ディジタル・マルチメータの場合は内部抵抗が高いため，$25k\Omega/V$のアナログ・テスタよりやや（＋）の指示になります．
　実際の回路では多くの部品が複雑に組み合わされるため，電圧計の内部抵抗により，どの部分がどれくらいの影響を受けるかを直感的に知ることは困難です．しかし，類似の回路では，経験上のデータがあればおおよその見当はつけられます．

7.3 便利なローパワー・オーム・レンジでの抵抗測定

　たとえば，図7.1で抵抗Rを測定する場合（回路の電源は切る），普通の抵抗レンジで測定すると，トランジスタTR_1またはTR_2が導通して，実際の抵抗値より小さな値を指示します．そこで正しく測定するには，Ⓟ点を切り離して行います．

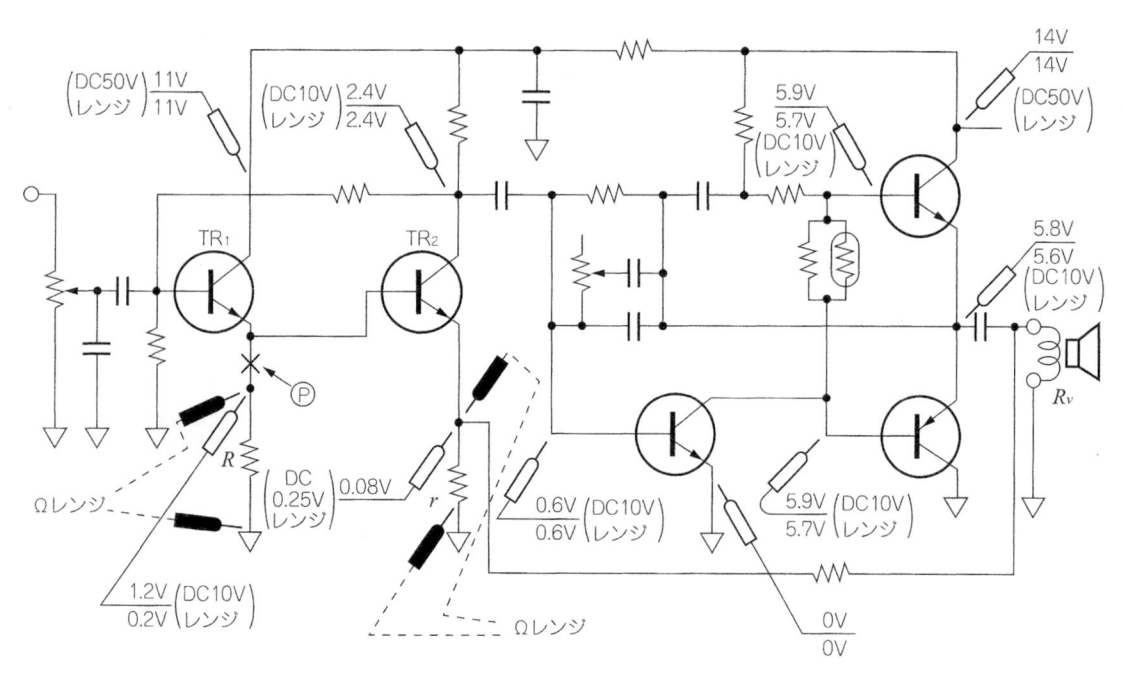

図7.1 Ω/Vの影響（上段数字：25kΩ/Vのテスタ指示，下段数字：2kΩ/Vのテスタ指示）

　ローパワー・オーム・レンジでは，動作電圧が0.4V以下と低いため，トランジスタは動作しません．高抵抗状態になっているため，Ⓟ点を切り離さなくても抵抗Rの概略値を測定できます．
　ただし，次の点に注意が必要です．ローパワー・オーム測定にも条件があり，複雑な回路では回路図上で検討が必要です．たとえば，電解コンデンサの抵抗は無限大ではありません．コンデンサの充電電流のために，指示が不安定になることがあります．また，コンデンサやトランジスタで区切られていない，抵抗のループ（閉回路）が存在しても不正確な値になります．
　図7.1で，rをローパワー・オームの抵抗計で測定した場合を考えます．rに接続されたTR$_2$は非導通ですが，スピーカのコイル抵抗R_vとアースを含む閉回路があるため，正しい測定は期待できません．実際には，トランジスタやダイオードの抵抗は無限大にはなりません．正しい抵抗値を測定するためには，普通の抵抗の測定と同様にrを回路から外して測定する必要があります．

7.4　平滑回路のリプル含有率の測定

　受信機の電源の平滑が不十分で，整流電圧に交流分が多く含まれているとハムの原因になります．脈流の直流分に対する交流分の含まれる割合をリプル含有率といい，次の式で表されます．

$$リプル含有率\ \varepsilon = \frac{交流分の実効値(V)}{直流電圧^{注1}(V)} \times 100(\%)$$

　図7.2の電源回路で，ⓐ点のリプル含有率を調べます．まず，テスタのDCレンジで，ⓐ点とアー

ス間の直流電圧を測定します．次に，テスタをACレンジに切り替え，1μFくらいのコンデンサ[注2]（コンデンサ接続端子があれば，それを利用してもよい）を通して，同じⓐ点の交流電圧を測定します．直流電圧が130V，交流電圧が1.3Vであったとすれば，リプル含有率は1.0％です．このリプル含有率が大きい場合は，平滑回路のコンデンサの容量不足や容量の低下が考えられます．

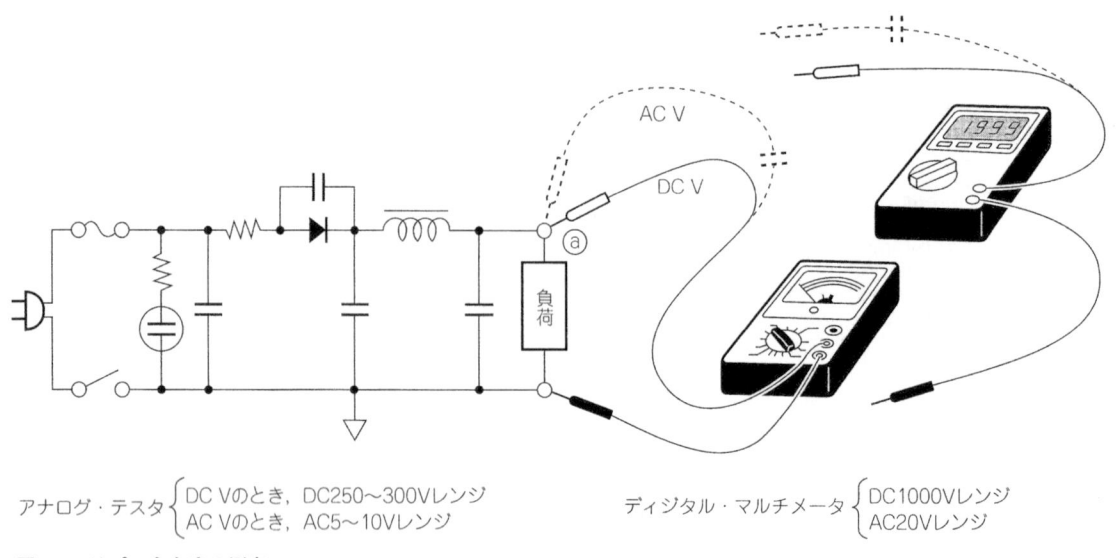

図7.2　リプル含有率の測定

7.5　テレビ画面の風や振動による乱れ

　台風や大風などのあとに，テレビ画面でちらつきや多重画像，スノー・ノイズなどの症状が発生する場合があります．原因の多くは，アンテナの傾きやケーブル接続部の接触不良もしくは断線です．これらは，目視やテスタで導通を調べます．

　導通試験を行う際に，**図7.3**に示すようなアンテナでは，そのまま試験ができます．しかし，アンテナ部分が開放型のものは，フィーダまたは同軸ケーブルの取り付け端子部分Ⓟ点をショートしておいて試験をします．

　フィーダやケーブルの直流抵抗は，数Ω以下です．そのため，∞も含め数十Ω以上の抵抗があったり，振動させた際にテスタの指示が不安定になるなどの場合は，フィーダが断線していることが考えられます．

注1：脈流の平均値
注2：直流分をカットするためのコンデンサで，被測定点の電圧に対し耐電圧が充分余裕のあるものを使用する．

図7.3 TVアンテナ

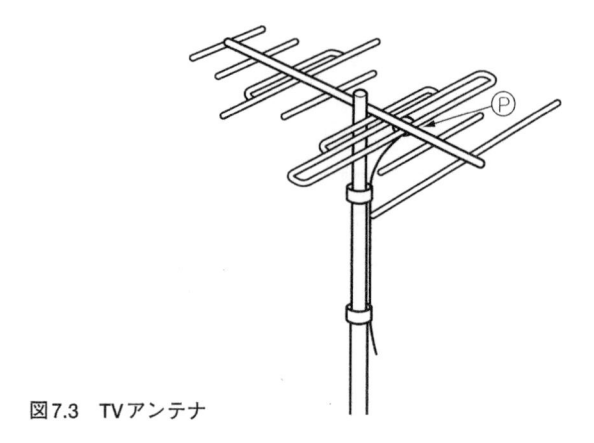

7.6 テスタのAC Vレンジの整流回路とその指示

　測定する回路の動作波形がどのようなものか，また使用するテスタのAC Vレンジの整流方式はどのようなものか，といったことを知らないと，予想外の指示が出されたとき，判断に困ります．
　たとえば，直流分を含んだ交流電圧を測定する場合を考えます．本来，交流の測定ではテスト・リード（＋）（－）の入れ替えによる指示差はありません．ところが，直流分を含んだ交流を，半波整流回路のテスタで測定すると，指示差を生じます（全波整流回路では差が生じない）．
　そこで，図7.4のa～b間の電圧を測定してみましょう．

(1) アナログ・テスタのAC Vレンジ（半波整流回路）で測定

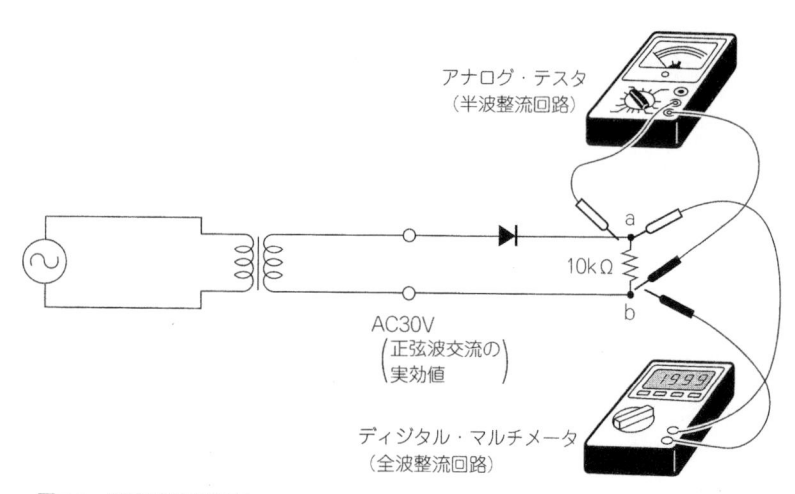

　（イ）a点に（＋）リード　　30.0V
　　　　b点に（－）リード

　（ロ）a点に（－）リード　　－0.5V
　　　　b点に（＋）リード

図7.4 整流回路の測定

(2) アナログ・テスタのDC Vレンジで測定

　　（イ）a点に（＋）リード   ] 13.4 V　　（ロ）a点に（－）リード   ] 逆振れで測定不能
　　　　　b点に（－）リード   b点に（＋）リード

(3) ディジタル・マルチメータのAC Vレンジ（全波整流回路・平均値指示計）で測定

　　（イ）a点に（＋）リード   ] 14.99 V　　（ロ）a点に（－）リード   ] 14.99 V
　　　　　b点に（－）リード   b点に（＋）リード

(4) ディジタル・マルチメータのDC Vレンジで測定

　　（イ）a点に（＋）リード   ] 13.30 V　　（ロ）a点に（－）リード   ] －13.30 V
　　　　　b点に（－）リード   b点に（＋）リード

　(1)〜(4)までのデータをみると，(2)と(4)はほぼ同じ値を示していますが，その他はかなり異なっています．そこで，実際のa〜b間の電圧の正しい値を，計算で求めてみます．正弦波交流の最大値は，実効値の$\sqrt{2}$倍であり，さらに表7.1の係数から，

表7.1　各種波形の電圧値

名称	入力波形	ピーク値 V_p	実効値 V_{rms}	平均値 V_{avg}	クレスト・ファクタ V_p/V_{rms}	波形率 V_{rms}/V_{avg}
正弦波		$V_{rms} \cdot \sqrt{2}$ $= 1.414 V_{rms}$	$\dfrac{V_p}{\sqrt{2}}$ $= 0.707 V_p$	$\dfrac{2V_p}{\pi}$ $= 0.673 V_p$	$\sqrt{2}$ $= 1.414$	$\dfrac{\pi}{2\sqrt{2}}$ $= 1.111$
方形波		V_p	V_p	V_p	1	1
三角波		$V_{rms} \cdot \sqrt{3}$ $= 1.732 V_{rms}$	$\dfrac{V_p}{\sqrt{3}}$ $= 0.577 V_p$	$\dfrac{V_p}{2}$ $= 0.5 V_p$	$\sqrt{3}$ $= 1.732$	$\dfrac{2}{\sqrt{3}}$ $= 1.155$
パルス		V_p	$\sqrt{\dfrac{\tau}{2\pi}} \cdot V_p$	$\dfrac{\tau}{2\pi} \cdot V_p$	$\sqrt{\dfrac{2\pi}{\tau}}$	$\sqrt{\dfrac{2\pi}{\tau}}$

$$波形率 = \frac{実効値}{平均値} \qquad 波高率（クレスト・ファクタ）= \frac{最大値}{実効値}$$

(a～b間の平均値) = $\sqrt{2}$ × 30 V × (表7.1の半波整流波平均値) = 13.49 V
(a～b間の実効値) = $\sqrt{2}$ × 30 V × (表7.1の半波整流波平均値) = 21.21 V

という値が得られます．この計算で求めた値と，前記の実測値を比較検討してみましょう．
(1)のデータについて……この値は，半波整流回路・平均値指示型テスタ特有の指示値です．(イ)と(ロ)を平均し，正弦波交流・全波整流波の波形率(1.11)で割る[注1]と，実際の平均値に近い値になります．
(2)のデータについて……(2)の(イ)は，実際の平均値を指示しています．実効値は，(2)の(イ)の値を正弦波交流・半波整流波の波形率(1.57)倍して求めます．
(3)のデータについて……この値は，全波整流回路・平均値表示形テスタ特有の指示です．正弦波交流・全波整流波の成形率(1.11)で割ると，実際の平均値になります．その平均値を(2)と同様に，半波整流波の成形率(1.57)倍すると，実効値が求まります．
(4)のデータについて……実際の平均値を指示しています．

7.7　パルス電圧と過負荷

　テスタは，電池のような交流分を含まない直流電圧や，電灯線のような正弦波で周波数の低い交流電圧の測定など，単純な電圧の測定に適しています．しかし，正弦波以外の交流や周波数の高い交流，さらにパルス電圧などを測定する場合には，テスタの指示値をそのまま信頼することは危険です．
　たとえば，図7.5(a)に示すような直流電圧を，テスタの直流電圧レンジ(DC V)で測定すると，そのまま10 Vを指示します．しかし，図(b)に示すようなパルス電圧では，最大値が同じ10 Vでも図(a)の1/5，2 V程度しか指示しません．
　これは，パルス電圧が50 Vにならないと，図(a)と同じ指示値にならないことを意味します．測定電圧の波形によっては，指示値だけを見て測定すると瞬間的には数倍，またはそれ以上の過負荷状態となり，テスタを劣化させてしまいます．

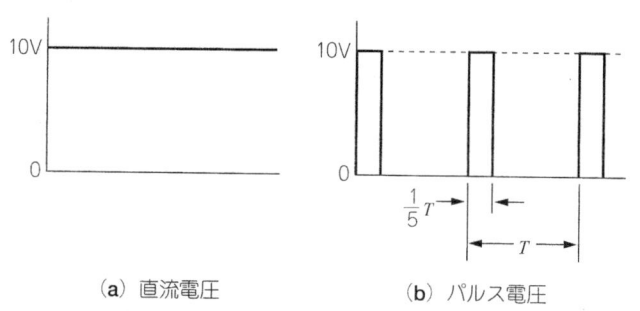

(a) 直流電圧　　　(b) パルス電圧
図7.5　直流電圧とパルス電圧の比較

注1：回路構成(半波整流)により，16.5 Vくらいの表示をするテスタもある．一般的に，平均値を実効値に換算しているアナログ・テスタでは，正弦波交流の波形率(1.11)倍してスケール板を目盛っている．

7.8 ビニール・コードの静電容量と電圧計の指示

図7.6に示すような回路で電圧を測定した場合，負荷のスイッチを切ると，メータは指示しないように思えます．ところが，負荷の絶縁がよくても，テスタで測定すると数V以上の値を示します．しかし，精密級の可動鉄片型の電圧計で測定すると，指示は0になります．この違いは何を意味するのでしょうか．

まず，スイッチを切ってもテスタの指示値が出る原因を調べます．ビニール・コードは，2本の導線が向かい合っているため，比較的大きな静電容量をもっています．コードが長いほど，また周波数が高いほど大きな値になります．そのため，交流電圧が加わると負荷のスイッチが切れていても，わずかに電流が流れます．

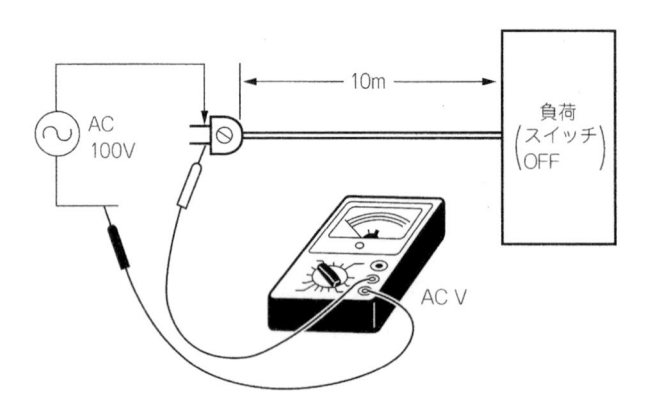

図7.6 ビニール・コードの静電容量の影響

この電流の大きさは，テスタを振らせるには十分ですが，可動鉄片型電圧計のような低感度のメータには小さ過ぎます．その結果，テスタでは指示値が現れますが，可動鉄片型電圧計では指示値が0になります．そこで，10mのビニール・コードを用いて，可動鉄片型電圧計とテスタを用いて実測した値の違いを表7.2に示します．

ディジタル・マルチメータの場合はレンジに関係なく，表の8kΩ/V 250Vレンジの指示よりやや(+)になります．

表7.2 テスタに現れる静電容量による電圧

測定器 使用レンジ	可動鉄片型 交流電圧計 (0.5級)	テスタ（感度）		
		2kΩ/V	4kΩ/V	8kΩ/V
250V	0	11V	21V	35V
50V	0	2.3V	5V	9V

2心ビニール・コード：0.75mm²，長さ10m，電源：AC100V/50Hz

このような現象は，"ビニール・コードの場合"に限らず，配線の混み入った場所では発生しやすいので，注意が必要です．

7.9 対地電圧の測定

我々は「電灯線の一方の線に触れても何でもないが，もう一方の線に触れると感電する」ということを経験上知っています．その理由を，**図7.7**で説明します．

図7.7は，家庭への単相2線式配電の簡略図で，トランスの2次巻線の一端を接地（アース）しています．通常，電灯線や動力線の2線または3線のうちの1線は，接地しておきます（事故による高圧配電線の電圧や雷による高電圧の進行波が，低電圧電線側に流れ込んだ場合の安全確保のため）．

したがって，大地に接地している線との間には電圧は存在しませんが，大地と接地していない線（非接地側，充電側などという）との間には，100Vまたは200Vの電圧が加わっています．そのため，この非接地側の線に触れると感電します．この大地に対する電線の電圧を，対地電圧といいます．また，大地上だけではなく屋内でも感電します．これは，家の床も湿気などの関係で高抵抗ですが，導体である大地と電気的につながっていると考えられるからです．

対地電圧は，近くに電子レンジなどのアース端子があると，正確に測定できます〔**図7.8(a)**〕．

図7.8(b)は，単相3線式分電盤の対地電圧測定の例です．中央に配置された線と，左側または右側の線との間の電圧は100Vで，左右の線の間の電圧は200Vです．これらの電圧を線間電圧といいます．

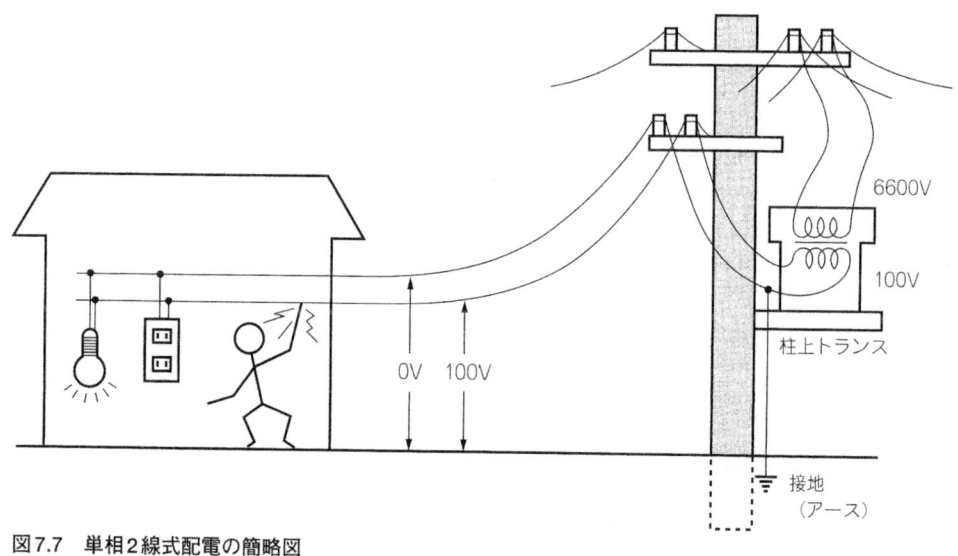

図7.7　単相2線式配電の簡略図

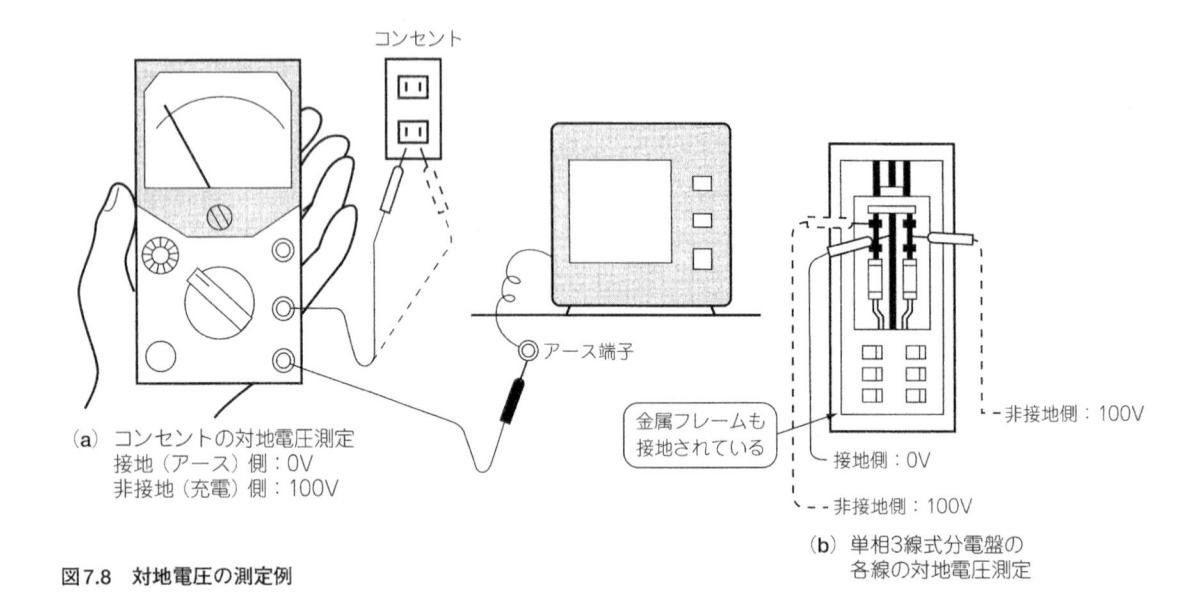

(a) コンセントの対地電圧測定
接地（アース）側：0V
非接地（充電）側：100V

金属フレームも接地されている
接地側：0V
非接地側：100V
非接地側：100V

コンセント
アース端子

(b) 単相3線式分電盤の各線の対地電圧測定

図7.8 対地電圧の測定例

7.10 液体（電解液）の抵抗測定

(1) 成極作用

水や電解液（食塩水，希硫酸など）に直流電流を流すと，電気分解が始まります．その際（＋）（－）の電極周辺には逆極性のイオンが集中し，電気の流れを阻害します．これを成極作用といい，液体の抵抗が増加したかのように作用します．この影響は，時間とともに増加します．

(2) 電解液の抵抗をテスタで測定すると

テスタの抵抗レンジは，直流で動作しています．したがって，前述した成極作用により秒単位で抵抗が増加するため，正しい抵抗値の測定はできません．

(3) 電解液など液体の抵抗測定は交流で行う

電解液などの液体の抵抗（水銀などの金属の液体は除く）の測定では，成極作用の影響を小さくするため，交流電圧を使います．

接地抵抗も土壌に水分が含まれているため，数kHzの交流で測定します．

(4) 電解液の抵抗の性質

電解液の抵抗は，その液体に接している測定器の電極の材質，表面積，電極間距離により大きく変化します．また，液体の量や温度，液体の入っている容器の大きさや形状，容器の材質にも影響されます．したがって，電解液の抵抗測定は，決められた条件での比較測定が主となります．

(5) アナログ・テスタで電解液の抵抗を測定する方法

電解液の抵抗は，成極作用の影響を除くため，図7.9に示すように測定します．

前述したように，テスタの抵抗レンジは直流電源で動作しています．図のように接続した切り替えスイッチで，電解液に加わる電源（テスタの抵抗レンジ）の極性を，1秒に1回以上の割合で切り替えま

図7.9 テスタで電解液の抵抗を測定する方法

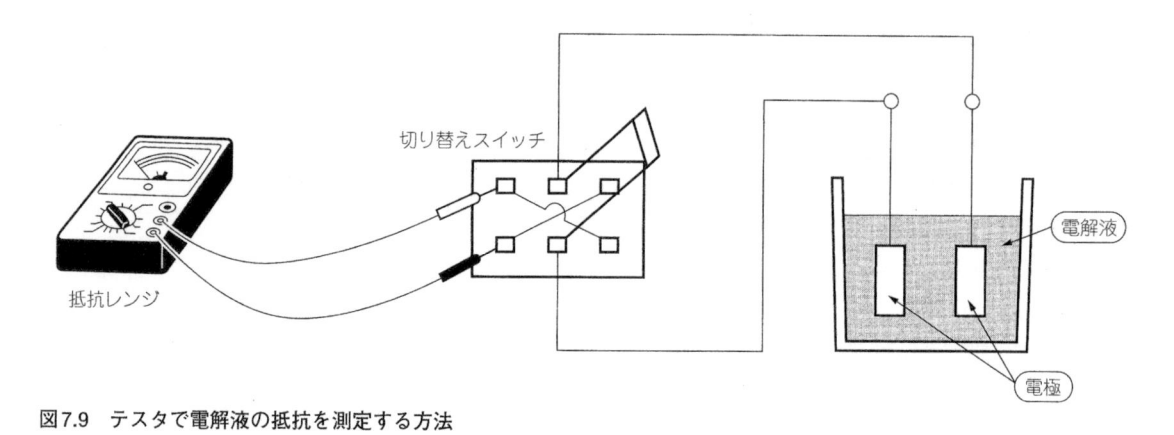

す．すると，擬似的に交流を加えることになり，成極作用の影響が少なくなります．メータの指示は常に変化していますが，指示の最低抵抗値を読み取ります．これが，電解液の抵抗の概略値です．
なお，指示変動が激しいため，ディジタル・マルチメータによる測定は困難です．

7.11 OPアンプ回路の電圧測定

(1) OPアンプで構成した反転増幅回路の電圧測定例

図7.10は増幅率10倍の反転増幅回路で，入力電圧は低電圧電源の100mVです．テスタの(-)測定端子をアース(コモン)に固定し，各部の電圧を測定します．
- OPアンプ端子2の電位は，(オフセット電圧V_{os})+(端子3の電位)になります．
- OPアンプ端子3の電位は，端子3のバイアス電流による抵抗R_cの電圧降下に相当します．

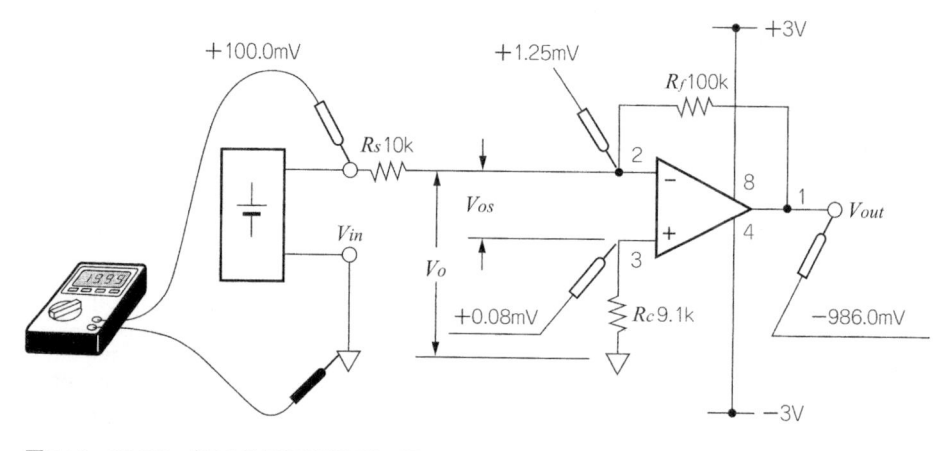

図7.10 OPアンプによる反転増幅回路の電圧測定

- OPアンプ端子1の電位（電圧）V_{out}は，入力電圧V_{in}を増幅した出力で，次式で求まります．

$$V_{out} \simeq \left(-\frac{R_f}{R_s} \times V_{in}\right) + \left(\frac{R_s + R_f}{R_s} \times V_o\right)$$

出力は，入力に対して逆の極性になります．
- V_{os}はOPアンプのオフセット電圧で，（端子2の電位V_o）−（端子3の電位）として求まります．この電圧が大きいOPアンプは，よいものとはいえません．

なお，アナログ・テスタでV_oやV_{os}の測定をするのは，電圧が低すぎて測定できません．

(2) OPアンプで構成した差動増幅回路の電圧測定

図7.11は差動増幅回路で，ホール素子（磁電変換素子）の出力電圧を増幅する回路です．

定電圧ダイオードDとボルテージ・フォロワ回路により定電圧源を作り，ホール素子Hの入力端子1〜3間に一定の電圧を加えます．この状態でホール素子に磁界が加わると，その出力端子2〜4間に電圧を発生します．

この電圧をOPアンプOP₂で差動増幅したものが，V_{out}として出力されます．

- V_3…定電圧ダイオードDの電圧で1.2V程度です．
- V_2…V_3からOPアンプOP₁のオフセット電圧（図7.10の例では1.2mV程度）を差し引いた電圧で，V_3とほぼ同じ値です．
- V_1…OP₁の出力でV_2と同電圧です．
- VH_1…ホール素子Hに加える電圧で，V_1と同じ値です．
- VH_3…ホール素子Hの端子3の電位ですが，アース電位（0V）です．
- VH_2，VH_4…ホール素子Hの出力端子2および4の電位で，端子1（VH_1）の電圧（電位）の約1/2です．

なお，磁界が加わっていないとき，端子2〜4間の電圧（電位差）は数mVで，強い磁界が加わると数100mVになります．この2〜4間の電圧が，OP₂を含む差動増幅回路で増幅され，出力端子7からV_7

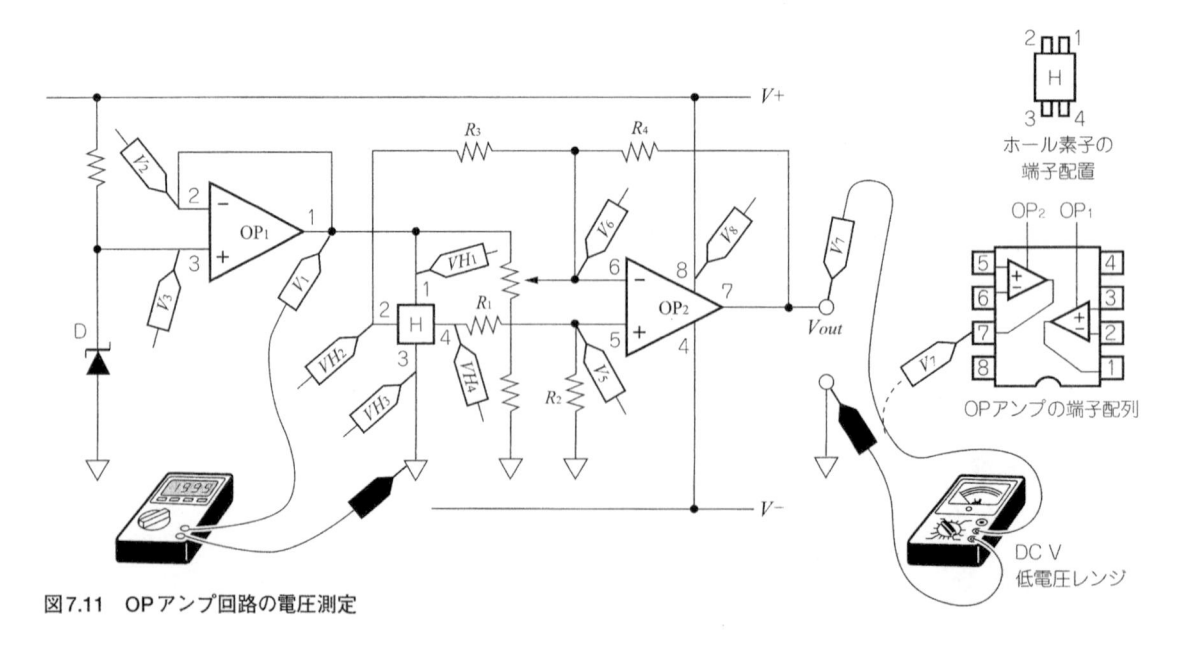

図7.11 OPアンプ回路の電圧測定

(V_{out})として出力されます．

- V_5…OP_2の端子5の電位で，およそ $\dfrac{R_2}{R_1} \cdot VH_4$ です．

- V_6…OP_2の端子6の電位で，およそ $\dfrac{R_4}{R_3} \cdot VH_2$ です．$V_6 - V_5$ がOP_2のオフセット電圧です．

- V_7…OP_2の出力電圧(V_{out})です．理想的なOPアンプであれば，

$$V_{out} = \dfrac{R_4}{R_3}(VH_4 - VH_2)$$

となるはずですが，実際にはOP_2のオフセット電圧の関係で，多少異なった電圧となります．

- V_8…電源電圧 $V+$ が加わっています．

第8章
パソコンと連携した使い方

8.1 PC Linkの概要

　最近のディジタル・マルチメータには，測定したデータを記憶できるメモリ機能を持った製品もありますが，長期間にわたってデータを監視したり，時間的な相関性を取るといったことを行おうとすると難しくなります．そのような用途には，データ・ロガーやデータ・レコーダと呼ばれる製品がありますが，これらはかなり高価なものです．

　本章で紹介するPC Linkは，ディジタル・マルチメータとパソコンを利用することによって上記のような機能を実現するためのソフトです(**図8.1**)．このPC Linkを使用すれば，SANWAディジタル・マルチメータのPCシリーズをパソコンに接続することにより，出力されたデータをパソコンに保存することができます．

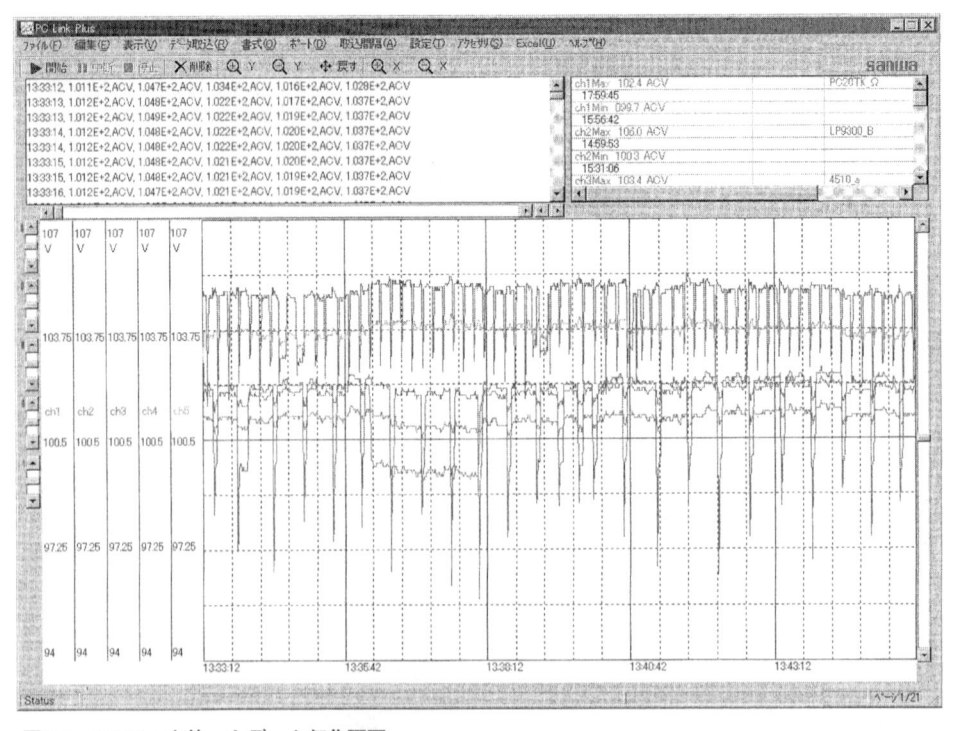

図8.1　PC Linkを使ったデータ収集画面

SANWAディジタル・マルチメータのPCシリーズは，パソコンとの絶縁状態を保つために背面にアダプタを取り付けられる光接続インターフェースを持ち，RS-232-C用接続ケーブル(KB-RS1, KB-RS2)，USB用接続ケーブル(KB-USB1, KB-USB2)，LAN接続ケーブル〔KB-LAN(PC20のみ使用可能)〕によってパソコンに接続することができます．これらの接続用ケーブルとデータ取り込み用ソフトウェア「PC Link」を使用することにより，ディジタル・マルチメータで測定したデータをパソコンに取り込むことが可能になります．

また，PC Linkを使うと，パソコンの操作画面上に表示されるグラフにより，測定値の変化状態を確認することができます．さらに，取得したデータは，CSV形式で保存(エクスポートも可能)されるため，Microsoft Excelなどの表計算ソフトに直接読み込んで，加工することもできます．そのほか，ディジタル・マルチメータを追加することで，8チャネルまでの簡易データ・ロガーとしても利用できます．

表8.1　PC Link 2.10の仕様

表示機能	●測定値を時系列にグラフ表示できる ●表示グラフのスクロール拡大，縮小，上下移動が可能 ●測定中の最大値・最小値およびその時刻，日付を表示できる ●データを取り込み中でも，取得し終わったデータをグラフに表示(プレビュー)できる ●グラフのカーソルを移動させ，カーソル位置のデータを表示できる ●文字検索により，検索結果位置にグラフを移動できる
印刷機能	●グラフをそのまま印刷できる ●ビットマップ画像のグラフとCSVデータ・ファイルを重ねることでグラフの比較表示，印刷が可能
測定機能	●任意の時間間隔で，データを取り込める ●毎日設定された時間または，設定された期間のデータを収集できる
保存機能	●測定データに日付，時間を付けて，CSVファイルとして保存できる ●保存したCVSファイルは，表計算ソフトウェアで加工が可能 ●グラフの読み込み，保存が，ビットマップ・ファイル(BMP)形式で可能
演算機能	●任意の値からの±変動がわかる，偏差測定が可能(チャネル1のみ) ●コンパレータ機能により，設定値範囲外でブザーを発音(チャネル1のみ)する ●単位の変更，小数点位置の変更が可能(チャネル1のみ) ●10本の折れ線近似によるリニアライズ(チャネル1のみ)ができる
通信機能	●LAN経由で，離れた場所に設置されたディジタル・マルチメータの最新測定データの最大約3,400文字分の測定状況を，他のコンピュータから監視可能 ●測定データを添付したメールを一定間隔で自動送信，さらにコンパレータ設定を超えた場合でも警報を送信させることが可能 ●データ要求メールを送信し，測定データを電子メールで返信させることが可能
信号出力機能	●コンパレータの比較結果を，RS-232-Cポートに出力できる
その他	●Microsoft Excelへ測定データの直接転送が可能 ●グラフ表示をクリップ・ボードにコピー可能 ●PC520Mのメモリ・データをインポート可能(ImportPlus) ●ディジタル・マルチメータのインターフェース対応は，次のとおり 　RS-232-C/USBをサポート〔専用ケーブル使用により，Windows上でCOMポート(RS-232-C)で認識〕 　LANをサポート〔PC20，PC20TK＋KB-LAN(LANアダプタ)〕 ※温度プローブ，電流クランプ・プローブは，使用するディジタル・マルチメータが対応していれば，PC Linkで使用することが可能

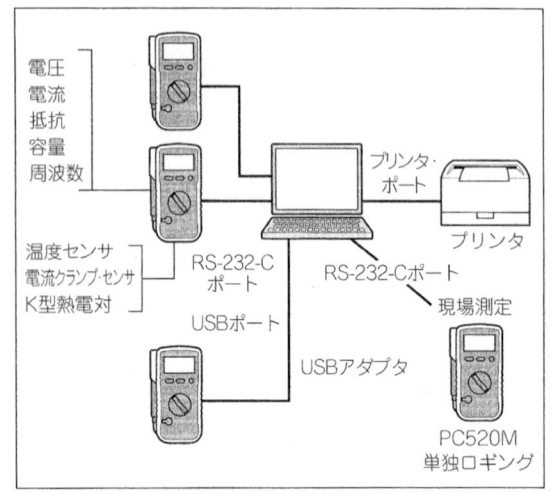

(a) USB/RS-232-C接続で多チャネルのデータ測定

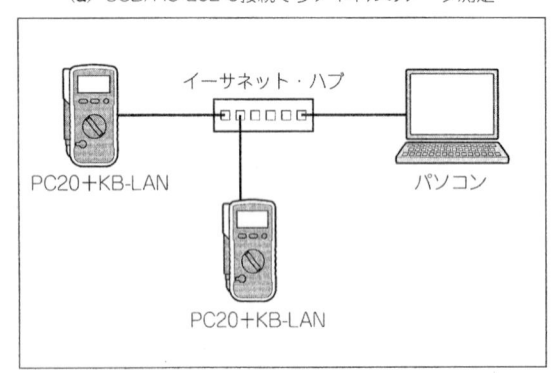

(b) 簡易LANで遠距離のデータ・ロギング

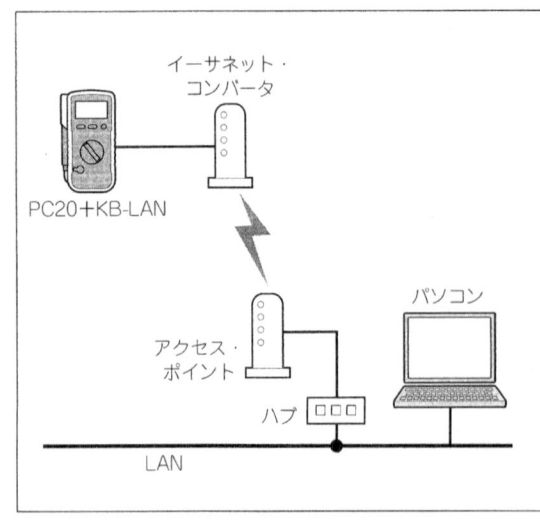

(c) 無線LANを使用して遠隔監視

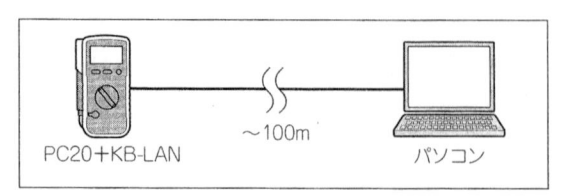

(d) LANクロス・ケーブルを使用して遠隔監視

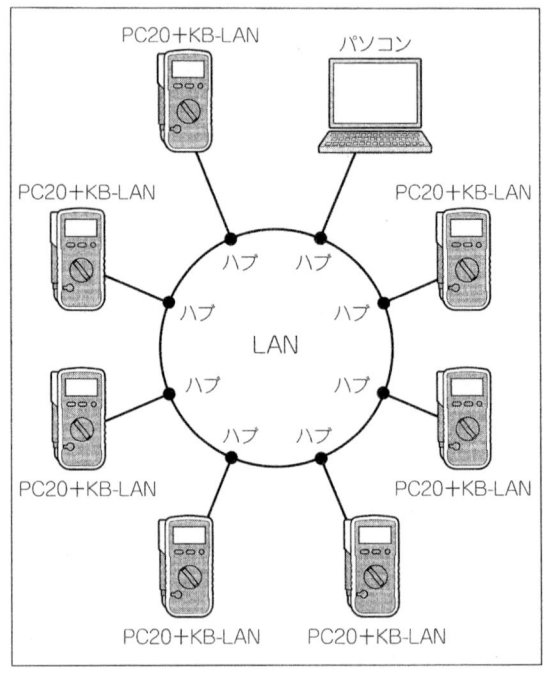

(e) PC20+KB-LANを拠点ごとに配置し一斉監視

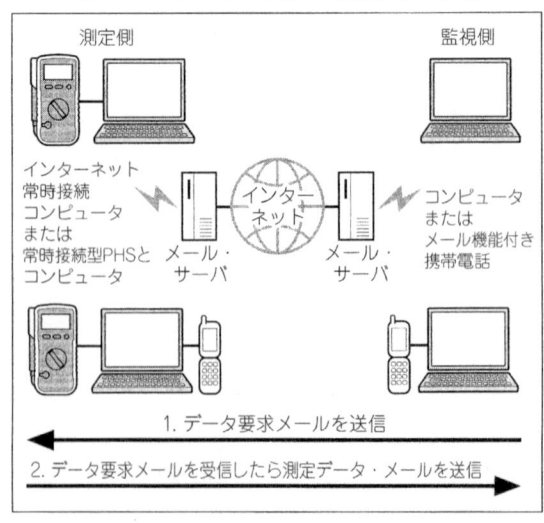

(f) E-mail機能を使用して無人監視

表8.2　PC Linkを使った応用例

8.2 PC Linkの基本的な使い方

　PC Linkは，CD-ROM版も用意されていますが，下記のサイトからダウンロードして購入することができます．また，30日間使用できる試用版も入手することができます．
　　http://www.sanwa-meter.co.jp/japan/product/soft/pclink.htm
　まず，PC Linkを使ってみましょう．USBでパソコンに接続し，PC Linkを使用します．ここで紹介する構成例は，**写真8.1**に示すようにディジタル・マルチメータPC20とUSB接続ケーブルKB-USB，データ収集用ソフトウェアPC LinkPlusです．

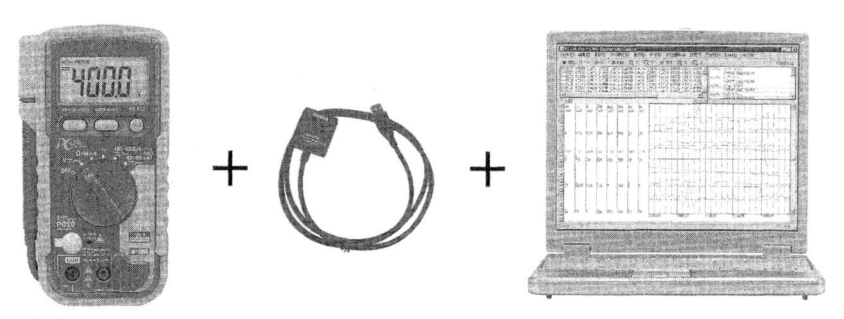

写真8.1　PC Linkに必要な構成例

　KB-USB1をパソコンに接続し，パソコンを起動します．まず，ドライバ・インストールのウィザードが起動するので，PC Linkの付属CD-ROMのKB-USB用ドライバをインストールします．インストールが終了したら，デバイス・マネージャで，COMポートにKB-USB1が認識されていることを確認します．

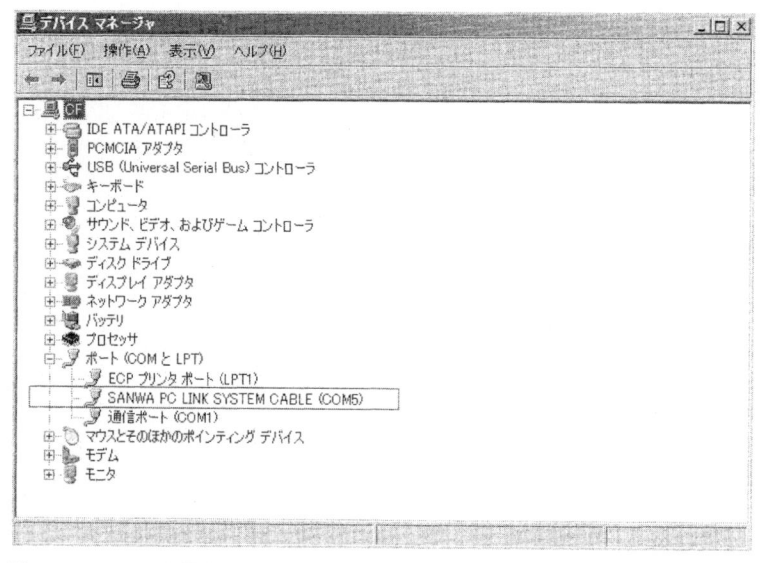

図8.3　KB-USBを認識した後のデバイス・マネージャの画面

図8.4は，インストールが終了して最初に起動する画面です．

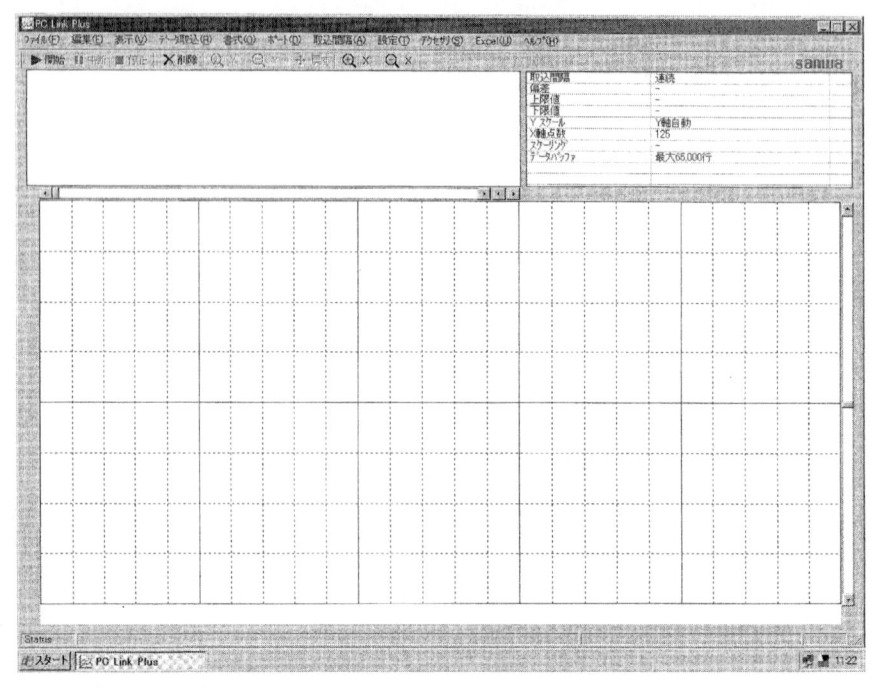

図8.4　最初に起動する画面

この画面から図8.5に示す[ポート設定画面]を開き，ポートを指定します．ここでは，デバイス・マネージャ上のCOMポートで認識されたポートを指定します．これで，設定は終了です．

図8.5　ポート設定画面

第8章 パソコンと連携した使い方 ● 8.2 PC Linkの基本的な使い方

左上の[開始]ボタンをクリックすると，図8.6に示すように測定データのロギングが開始されます．

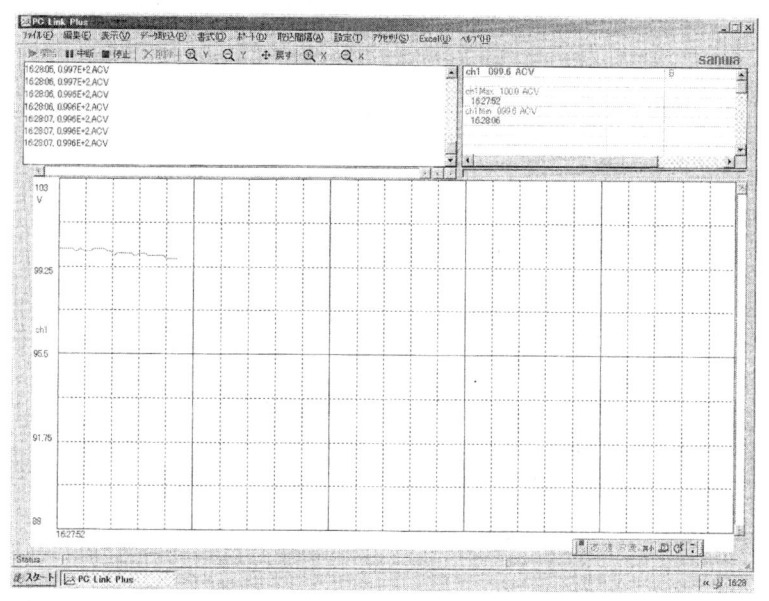

図8.6 測定開始画面

Microsoft Excelに測定したデータを転送する場合は，[Excel]メニューから[新規Book]を選択します．するとMicrosoft Excelが起動し，新規ウィンドウが開きます．[開始ボタン]をクリックすると，PC Linkの画面上にデータをプロットしながら，Microsoft Excelへデータが転送されます(図8.7)．データを保存するには，PC Link，Excelの各ソフトからそれぞれ[別名で保存]を選びます．

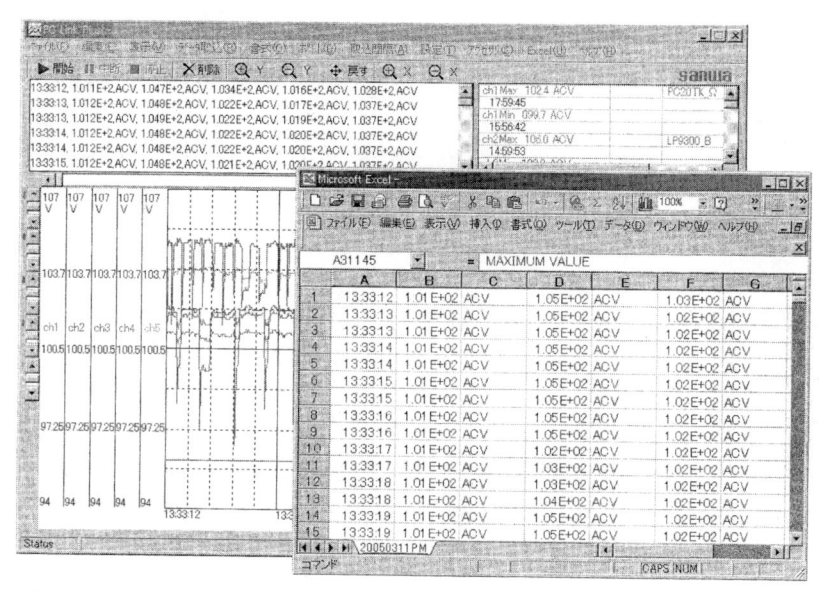

図8.7 Excelへの同時転送

133

8.3 KB-LANの使い方

　RS-232-Cで接続した場合は最大15m，USBで接続した場合は5mまでとケーブルを延ばせる距離に制限があります．ロギングを行うときは，この距離では短い場合があるかもしれません．そのような場合には，LAN接続タイプのKB-LANを利用します（**写真8.2**）．KB-LANを利用すると，LANでサポートする最大100mまで，距離に制限されることなく測定することができます．

　ここでは簡単に，KB-LANの設定方法を説明します．KB-LANは，TCP/IPを使用してネットワークに接続します．TCP/IPを認識させるためには，「Xport Installer」を起動する必要がありますが，このソフトを起動するにはMicrosoft .NET Frameworkがインストールされている必要があります．

　Microsoft .NET Frameworkは，PC Linkのパッケージに同梱されているため，購入したCD-ROMからインストールすることができます．また，マイクロソフト社のWindows Updateでもインストールが可能です．Microsoft .NET Frameworkがすでにインストールされている場合は，Xport Installerをインストールします．インストールが開始されたら，表示されるメッセージにしたがってインストールを行い，インストール終了後は，Windowsを再起動します．

　Microsoft .NET FrameworkおよびXport Installerのインストールが終了したら，Xport Installerを起動します．

　Xport Installerが起動したら，[SEARCH]ボタンをクリックします．KB-LANがネットワーク上で認識されていれば，**図8.8**に示すように認識されます．

写真8.2　イーサネット・アダプタ KB-LAN

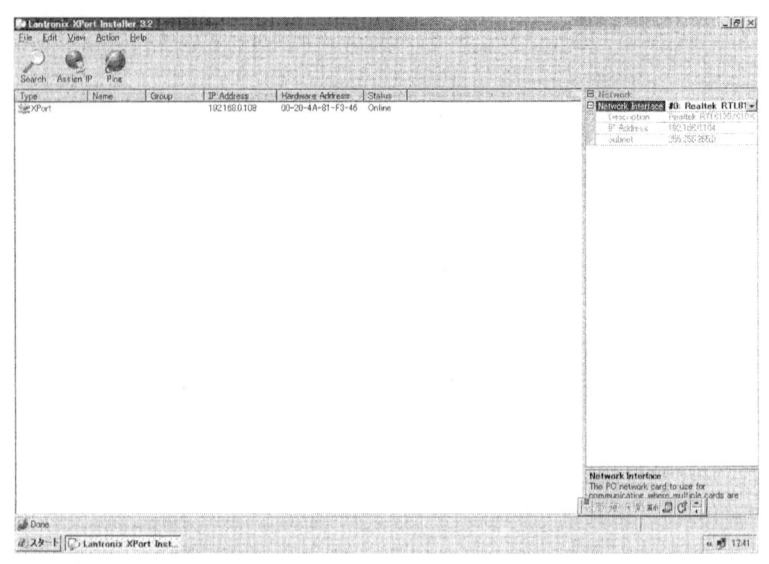

図8.8　xport検索後の画面

IPアドレスには，使用しているネットワークの状況によって，いろいろな数字が出てきますが，あまり気にする必要はありません．ここで重要なことは，KB-LANがネットワークに認識されていることです．前記のIPアドレスをPC Linkで設定するには，ポートの設定を行います．**図8.9**に示す［ポート設定］画面を開き，ポート番号は一番下のTCP/IPを選び，IPアドレスを指定します．

左上の［開始］ボタンをクリックすると，ロギングが開始されます．

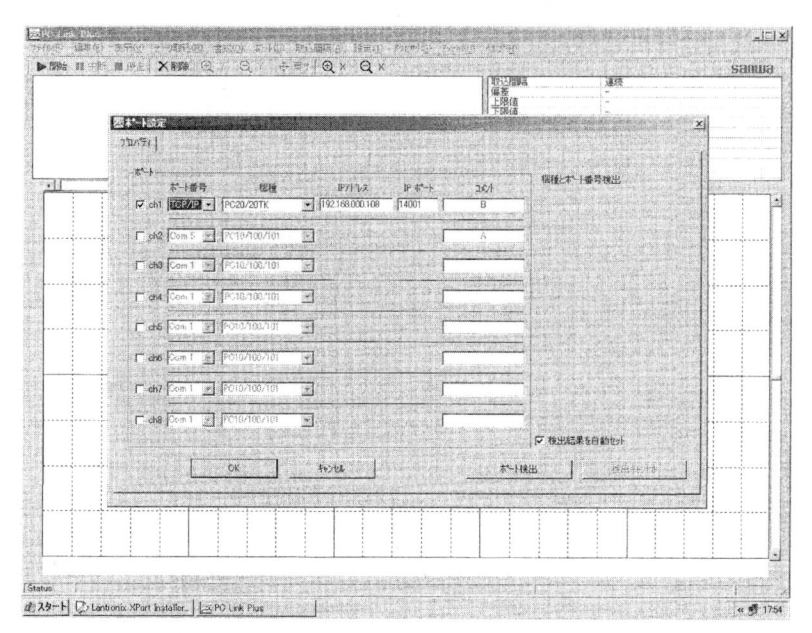

図8.9 ポート設定LAN画面

また，KB-LANのユニットは，Webサーバ機能を内蔵しているため，Javaアプレットを含むHTML文書を読み出すことが可能です．Webサーバは，ネットワーク上のほかのコンピュータのWebブラウザからアクセスした際に，Javaアプレットを含むHTML文書の送出を行います．Webブラウザにダウンロードされた Javaアプレット・プログラムにより，KB-LANにアクセスして，PC20，20TKの測定データを取得することができます．デフォルトではモニタリングのみのプログラムが内蔵されていますので，簡単に説明します．

PC20とKB-LANユニットがネットワークに接続されており，PC20が測定開始状態であることを確認したら，パソコン上でWebブラウザを起動します．

URLをhttp://xxx.xxx.xxx.xxx/pc20.html（xxx.xxx.xxx.xxxは，設定したIPアドレス）と指定すると，数秒後にJava画面が起動します．

左下の［Graph Upper］と［Graph Lower］の数値が，ディジタル・マルチメータの表示数値に対応します．測定範囲を指定し，右上の［START］ボタンをクリックすると，測定が開始されます．

図8.10に示すように，Javaプログラムの組み込みが可能であれば，見やすい画面をプログラムし，ディジタル・マルチメータの測定状況を監視することも可能です（このプログラムは，モニタリング機能であるため，データの保存はPC Link上で行う必要がある）．

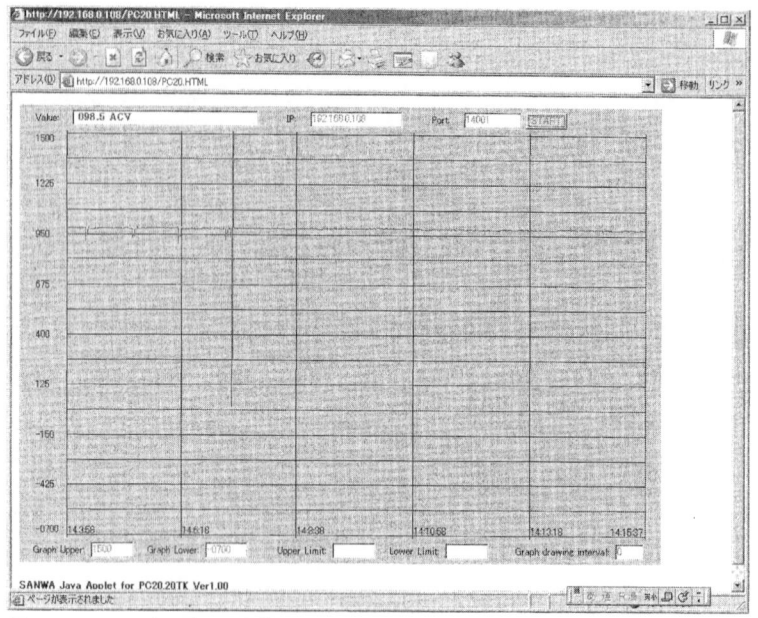

図8.10 Javaプログラムを使用してKB-LANによるデータ収集を行う

　このKB-LANは，LANのクロス・ケーブルを使用した疑似LANにより，最大100mまで対応が可能です．専用線によるVPNネットワークを構築した場合には，理論的には世界中のどこからでも，ディジタル・マルチメータのデータを監視できることになります．
　また，前述したKB-USB1/KB-RS1と混在させて使うことも可能です．

8.4　PC Linkの使用例 —— 温度センサ

　ここまで，PC Linkの基本的な使い方を説明しました．次に，PC Linkのいくつかの便利な機能について説明します．
　ディジタル・マルチメータでは，各種センサを使用することができます．ここでは，センサの使用例として，温度センサを取り上げます．PC20を使用し，温度センサとして「T-300PC(白金薄膜抵抗体)」を使用します．
　PC20とT-300PCの組み合わせでは，小数点1桁の分解能で温度測定が可能です．ほかの機種の多くは，1℃の分解能しかないため，より細かい温度変化の監視には適しません．
　温度プローブをPC20に接続し，ファンクションのレンジを抵抗レンジ(4.000kレンジ固定)にします．通常，温度測定に際しては，センサとディジタル・マルチメータの抵抗値との相関性をとるリニアライズが必要です．リニアライズは，決まった温度計測ポイントごとに計算する必要があり，非常に手間のかかる作業です．T-300PCの温度特性($1k\Omega = 0℃$)は，PC Linkにすでに埋め込まれているため，図8.11に示すように，PC Linkの[アクセサリ]メニューから，T-300PCを選択するだけで設定

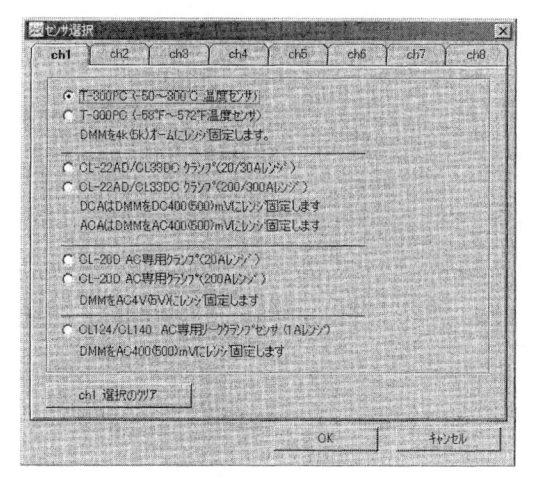

図8.11 センサ選択画面

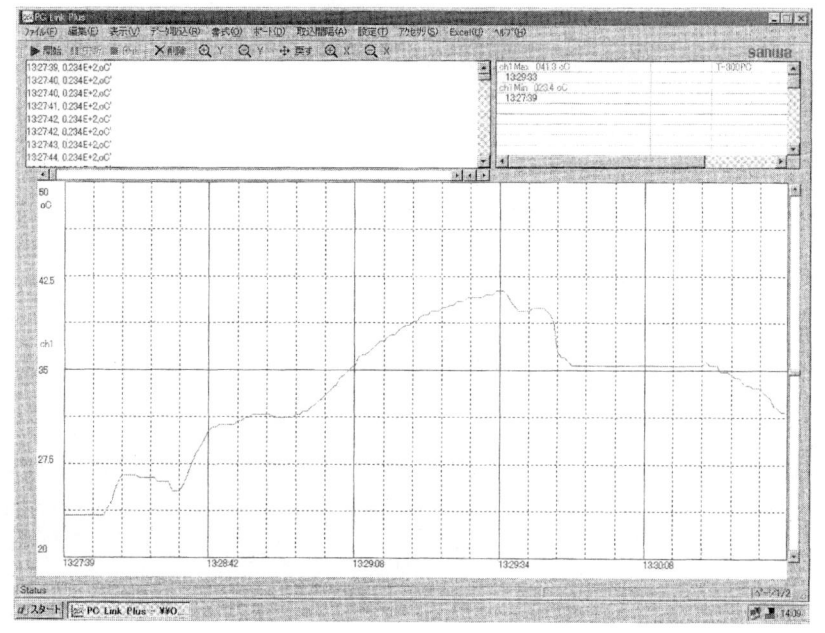

図8.12 温度の測定開始画面

は完了です.

　左上の[開始]ボタンをクリックすると,ロギングが開始されます(図8.12).

　なお,三和製品以外の温度センサを使用する場合でも,温度特性データがあればこのリニアライズ機能を使用することで,より精度の高い測定が可能になります(図8.13).また,すでに温度計測データが存在し,それらをグラフ化する場合でも,CSV方式でデータ加工することで取り込みが可能になります.

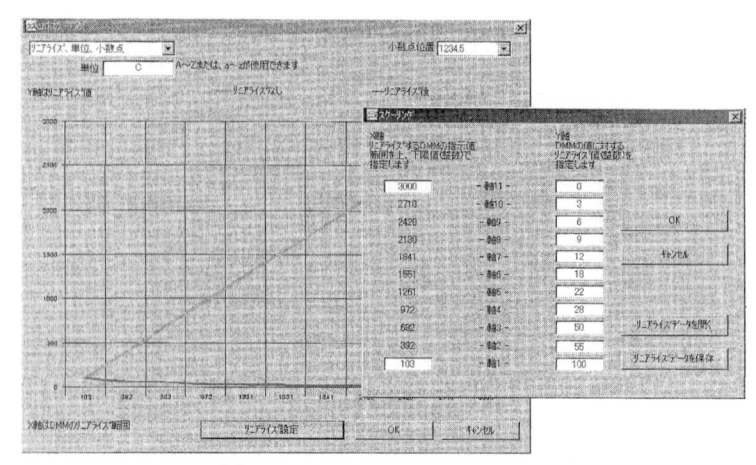

図8.13 リニアライズ機能

8.5 コンパレータ機能を使う

　測定中に，ある一定の温度以上もしくは以下になると，警告を発するという状況を想定します．このような場合は，PC Linkのコンパレータ機能を使用します．

　設定は，PC Linkの[設定]メニューで図8.14に示す[ch1コンパレータ]を選択し，任意の値を設定するだけです．

　このコンパレータ機能と図8.15に示すE-mail機能を，あわせて使用するとより便利です．E-mail機能では，PC LinkからOutlook Expressのみを制御することが可能です(自動送信設定も可能．この場

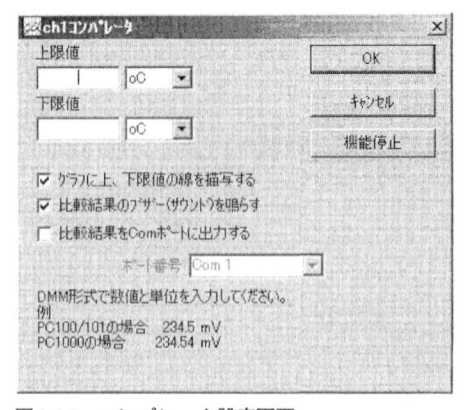

図8.14　コンパレータ設定画面

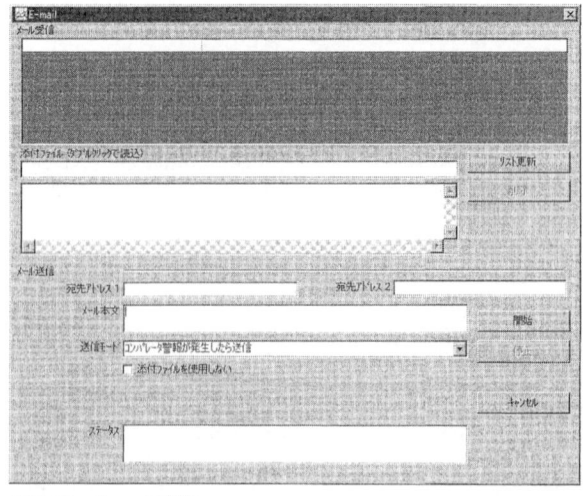

図8.15　E-mail機能

合は，Outlook Expressの設定を自動送信に変更する必要がある．詳細は，PC Linkのヘルプを参照のこと）．

8.6 メモリに取り込んだデータの転送

　PC Linkを使用してディジタル・マルチメータをデータ・ロガーにする場合，光リンク接続によるサンプリングが2回/sのため，サンプリングの速い信号を計測するにはあまり適していません．このような場合，PC520Mのメモリ機能を使用すると，最大20回/sのサンプリングによる測定が可能になります．しかし，このメモリ・データを一つ一つ参照することはPC520M本体では可能ですが，時系列で見るには非常に不便です．

　このメモリ・データをPC Linkに取り込むためのツールが，PC Link Plusに付属しているImport Plusです（図8.16）．多チャネル・データ形式への編集ができ，作成されたデータ・ファイルをPC Link/PC Link Plus，Microsoft Excelで読み込むことができます．Import PlusもPC Linkと同様に，ポート設定（自動設定可能）を行い，メニューの［インポート］ボタンをクリックするだけの簡単な操作です．

　Import Plusで取り込んだPC520MのデータをCSV形式で保存し，PC Linkに読み込むことで，グラフ化を実現します．

図8.16　Import Plusの画面

第9章
テスタ購入時のアドバイスと特殊なテスタ

9.1 テスタ購入時のアドバイス

●アナログ・テスタとディジタル・マルチメータのどちらがよいか

　アナログ・テスタとディジタル・マルチメータはそれぞれに長所と短所があり，どちらが良いとは一概にいえません．そこで，ディジタル・マルチメータの長所とアナログ・テスタの長所を比較してみます．

(1) ディジタル・マルチメータの長所
　(a) 一般的に精度が高い．
　(b) 指示値の読み換えがなく，数字を直読できる．
　(c) 指示値の読み取りに個人差がなく，読み取りに方向性がない(視差がない)．
　(d) 電圧レンジの内部抵抗が高く，各レンジで一定値(10MΩ前後)である．したがって，低電圧レンジの内部抵抗も高く，半導体回路の測定に適している．
　(e) 直流入力が逆であっても測定でき，しかも(－)極性を表示する．
　(f) 抵抗レンジの表示は電圧，電流同様に直線的である．

(2) アナログ・テスタの長所
　(a) 比較的，安価である．
　(b) 動作電源を必要としない．電池動作の場合は，電池の消耗に注意する(電源の切り忘れに注意)．
　(c) 短い周期で変化する値の平均値を読み取ることが可能．
　(d) 導通試験のような，直感的判断を要する測定に適している(導通の有無，電圧の有無)．

●使用目的に合ったレンジと性能を持っている

　たとえば，半導体回路を測定することが多い場合には，アナログ・テスタではDC10V以下の低電圧レンジがあり，20kΩ/V以上の高感度のものが適しています．ディジタル・マルチメータであれば，全レンジの内部抵抗が高いのでなお有利です．また，h_{FE}レンジも付いていると便利です．

　オーディオ関係の測定では，AC Vレンジの周波数特性が20kHz以上あるものがよく，アナログ・テスタの方が有利な場合もあります．

　テレビ関係の測定ではディジタル・マルチメータか，アナログ・テスタなら20kΩ/V以上の高感度のものがよいでしょう．さらに，高圧測定用のプローブが対応しているか，または別売されていると便利です．

強電関係の測定用としては安全を第一に考え，強電用のテスタを使用します．一般用のテスタを使う場合でも，少なくともヒューズ付きのテスタを選びます．形状も大型の方が安心です．なお，購入する前に，メーカからカタログを取り寄せて，仕様などを調べておきましょう．

● 感度は高いほどよいか

トランジスタ回路など，回路抵抗が比較的高い弱電関連機器を測定する場合には，ディジタル・マルチメータが適しています．また，アナログ・テスタでは，20kΩ/Vまたはそれ以上の高感度のテスタが有利です．しかし，回路抵抗の低い強電関連機器などを測定する場合には，高価な高感度のテスタでなくても，安価で機械的に強い2kΩ/V～4kΩ/Vのテスタでも問題ありません．

分布容量による誤作動などを考えると，強電回路では低感度のテスタの方がよい場合もあります．テスタの性能を知っていれば，低感度のものでも弱電関係の測定に十分活用できます．

9.2 テスタの故障

アナログ・テスタでメータがまったく振れない，ディジタル・マルチメータで表示器が点灯しない，あるいは点灯しても入力に反応しないなどの故障でも，簡単に修理できる場合があります．自分でテスタの故障を修理できれば，時間と費用の大きな節約になります．次のことを一応調べてから，メーカに修理を依頼してください．

なお，文中（ ）内のAはアナログ・テスタ，Dはディジタル・マルチメータを指しています．

● 正しい使い方をしているか（A，D）

〈調べ方〉取扱説明書をよく読み直し，扱い方が誤っていないかどうかを確認します．ディジタル・マルチメータの場合，電源スイッチが正しく入っているか，さらに購入したばかりのディジタル・マルチメータでは電池の漏液防止のために，電池が取り外されている場合や動作試験用の電池のみの場合があるので交換が必要です．これらを，確認してください．

● テスト・リードの断線（A，D）

〈調べ方〉動作しないテスタをΩレンジにして，（＋）（－）の測定端子をテスト・リードの代わりに銅線でショートします．メータが動作したり，表示器が0Ωを表示すれば，テスト・リードの断線と考えられます．

● ヒューズの断線，ブレーカの動作（A，D）

〈調べ方〉回路図や実物を見て，テスタ本体やテスト・リードに，ヒューズが内蔵されているかどうかを確認します．ヒューズが断線していたり，ブレーカが動作（OFF）していると，テスタは動作しません．

● スイッチの接触不良(A, D)

〈調べ方〉数カ月間,使用していないテスタでは,スイッチ接点部に酸化皮膜ができ,接触不良を起こすことがあります.ロータリ・スイッチでは数回回転させたり,プッシュ・スイッチ式では数回ON,OFFを繰り返すと,酸化皮膜が除かれて接触不良が直る場合があります.

● メータ保護素子のショート(A)

〈調べ方〉メータ保護素子付きのテスタでは,まれにその素子がショートしている場合があります.この場合は,素子のハンダ付けをはずすことで,メータが正常に動作するはずです.

メータ保護素子としては,逆並列になっている2本のダイオード,またはバリスタが1本使用されています.動作しない場合は,同じ特性の素子を入手して交換します.

● メータの断線やショート(A)

〈調べ方〉メータの(+)(−)に接続されている線を全部はずし,他のテスタでメータの(+)(−)間の抵抗を測定してみます.0Ωであればメータのショート,∞であればメータの断線です.この場合,Ωレンジの選定に注意します.回路図などによりメータの抵抗値を確認し,それに適したレンジを選ばないと誤診になります.メータの断線やショートであれば,メーカへ修理を依頼します.

● 電池の接触不良または電池の消耗(D)

〈調べ方〉ケースをはずし,電池がはずれかかっていないか,電池ホルダのバネ圧が弱くないかなどを調べます.指先で電池を動かし,表示器が点灯するかどうかを確認します.点灯しなければ電池を取り出し,他のテスタで電池の電圧を測定します.電圧が低ければ,新しい電池と交換します.

電池を取り出した際に,電池を受ける端子(ホルダ)が,緑青で汚れていないかどうかも調べます.汚れていたら,ヤスリなどできれいに磨きます.

● アナログ・テスタの抵抗レンジ全部が動作しない(A)

〈調べ方〉電池の接触不良や消耗が原因である場合が多いようです.

9.3 特殊なテスタ

これまで説明したテスタのほかに,その目的は同じですが,分類上は別扱いにされているテスタの仲間がいくつかあります.

● 強電用テスタ

工場の配電設備などで使用されている電流容量が数10〜数100Aの電源の電圧を,一般のテスタの電流レンジや抵抗レンジで測定すると,テスタが爆発的に焼損し,人身事故につながる恐れがあります.

このような事故を防止するために,小型ガラス管入りヒューズを内蔵したテスタやヒューズ付きテスト・リードがありますが,必ずしも安全とはいえません.**写真9.1**に示したのは,より安全性を重視

した強電用テスタ（三和電気CD750P型）です．一般的なヒューズ内蔵型のテスタとは異なり，高しゃ断容量の電力用限流ヒューズを使用し，抵抗器や配線の電流容量を大きくしています．また，耐電圧も十分に考慮に入れ，特に強電測定用に設計したテスタです．それでも，絶対安全とはいえないので，測定に際しては誤りのないように心がけてください．

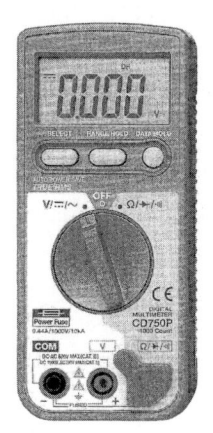

写真9.1　強電用テスタの例（三和電気 CD750P）

● クランプ・メータ

(1) クランプ・メータの概要

　クランプ・メータは，クランプオン・メータ，クランプオン電流計などとも呼ばれます．この測定器は，回路を切断することなく，電流の流れている導体を鉄心にはさみ込む（クランプする）ことにより電流を測定します．交流電流用と直流電流用があり，電圧や抵抗の測定レンジが付いたものもあります．アナログ表示式，ディジタル表示式，いずれもサポートしています（**写真9.2**）．

写真9.2　クランプ・メータ

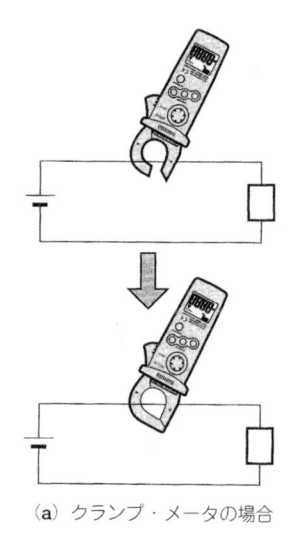

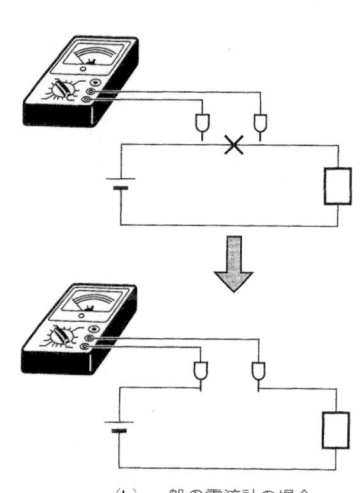

(a) クランプ・メータの場合　　(b) 一般の電流計の場合

図9.1　電流の測定方法の相違

クランプ・メータは強電回路の測定専用と思われていますが，直流電流を測定できるものは，電子回路への利用も考えられます．一般の電流計は電線を切り，回路と直列に接続しなくてはなりません．これに対して，クランプ・メータでは，電線をクランプするだけで測定ができます．これが，クランプ・メータの大きな特長です(図9.1)．

操作が簡単で，直接回路に接続されていないため，安全に大電流の測定が行えます．また，電流計の内部抵抗の影響もありません．ただし，交流電流専用のものでは，電流をわずかに減少させる作用が働きます．

(2) クランプ・メータの分類
- 表示方法による分類(アナログ式，ディジタル式)
- 測定機能による分類(電流専用型，多機能型)
- 測定電流による分類
  交流汎用型($1 \sim 300$ A)
  交流大電流用(2000 A くらいまで)
  交流リーク電流用(1 mA ~ 200 A, 1000 A)
  直流・交流兼用型($0.1 \sim 200$ A)
  直流・交流兼用大電流用($10 \sim 2000$ A)

(3) 交流用クランプ・メータの原理

交流用のクランプ・メータは，開閉可能な鉄心部分がトランス(変流器)を構成しています．図9.2に示すように，トランスの一次巻線n_1は測定する電流i_1の流れている導体であり，二次巻線n_2は鉄心に巻いた数1000巻のコイルです．

たとえば，$i_1 = 100$ A，$n_2 = 5000$ 巻とすれば，i_2 は次の計算式で求められます．

$$i_2 \fallingdotseq \frac{n_1}{n_2} \cdot i_1 = 20 \text{mA} \quad \text{ただし，} n_1 = 1$$

これにより，100Aの電流が20mAに変換されることがわかります．これを分流器Rで分流し，ダイオードDで整流してメータMを振らせます．また，Rの値を変えることにより，測定レンジを変えることもできます．ただし，この方法では原理上，直流の測定はできません．

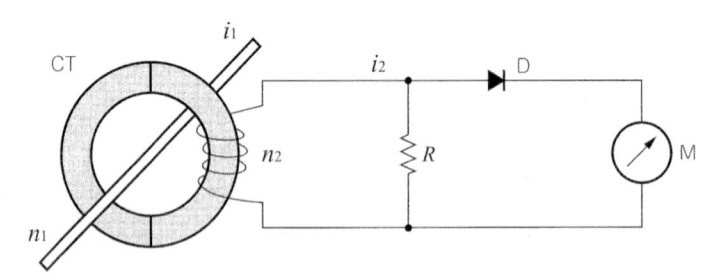

図9.2 ACクランプ・メータの構成

(4) 直流・交流兼用型クランプ・メータの原理

直流・交流兼用型クランプ・メータは，開閉可能な鉄心のギャップに，ホール素子(磁電変換素子)を組み込んだものが主流です(図9.3)．

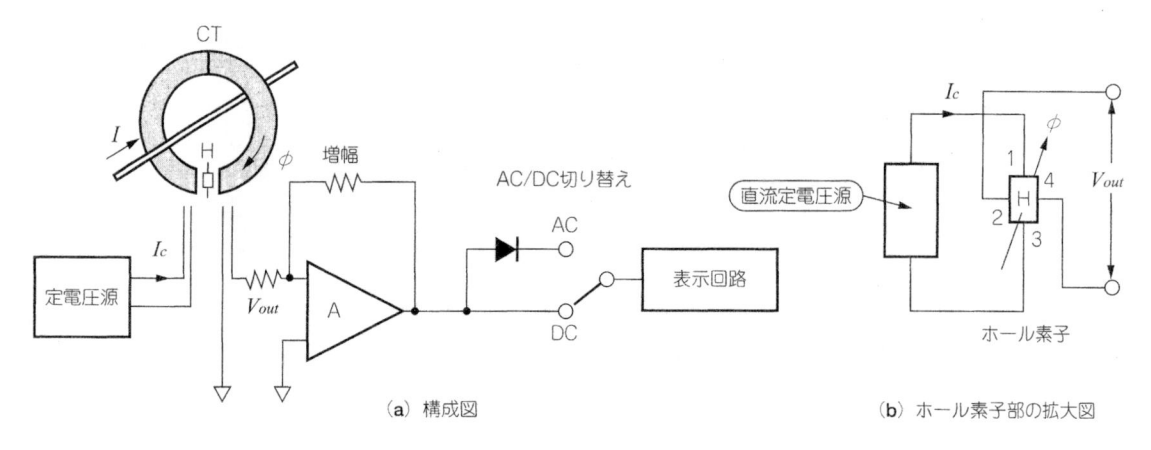

図9.3　DC/AC兼用型クランプ・メータの構成

（a）構成図　　　（b）ホール素子部の拡大図

　ホール素子は，1mm角ほどの4端子の小さな素子です．この素子の入力端子1～3間に数mAの直流電流を流し，さらに磁界ϕを加えると，出力端子2～4間に磁界ϕの強さに比例した電圧V_{out}が発生します〔図9.3(b)〕．

　直流・交流兼用型のクランプ・メータは，この現象を利用したものです．次に，測定原理を説明します．

　図9.3(a)に示すように，ホール素子Hを組み込んだ鉄心CTは，測定する電流Iの流れる導体を取り囲んでいます．電流Iにより導体周囲には磁界ϕが生じ，その磁界ϕは鉄心CTを通りホール素子Hに加わります．ホール素子には，直流定電圧源により電流I_cが流れているため，出力端子2～4間に電圧V_{out}を出力します．

　この出力電圧V_{out}は磁界ϕに比例し，磁界ϕは導体の電流Iに比例するため，結果的に導体の電流Iに比例した値になります．これは，導体の電流が直流なら直流，交流なら交流の出力になることを意味しています．

　ホール素子の出力は微弱です．そのため増幅し，さらに交流の出力であれば整流して，次の電流表示回路へ送ります．

(5) 直流電流の測定例（DC/ACディジタル・クランプ・メータを使用）

　ここでは，自動車のアイドリング時のバッテリに流れる電流を測定してみます（写真9.3）．

(a) エンジンをスタートさせ，エンジン・ルームを開く．
(b) クランプ・メータを，DC20Aレンジにセットする．
(c) 表示が0点より外れていたら，必ず0ADJつまみを回して0点を合わせる．
(d) バッテリの⊕端子から出ている太い線をクランプ・メータの鉄心内にクランプし，鉄心を完全に閉じる．クランプする際，鉄心に示された電流方向マークと，電線の電流の方向〔⊕→⊖〕を一致させる．
(e) 表示を読み取る．

　ここで，電流の値が−の場合は問題ありませんが，＋の場合には，エンジンのアイドリング時でもバッテリが消耗していることを示します．すなわち，"バッテリあがり"などの心配があります．

写真9.3 バッテリの電流測定

(6) 交流電流の測定例

ここでは，家電製品の消費電力の測定をします．一般的に家電製品は，コンセントからコードで直接電気を取り込んでいます．

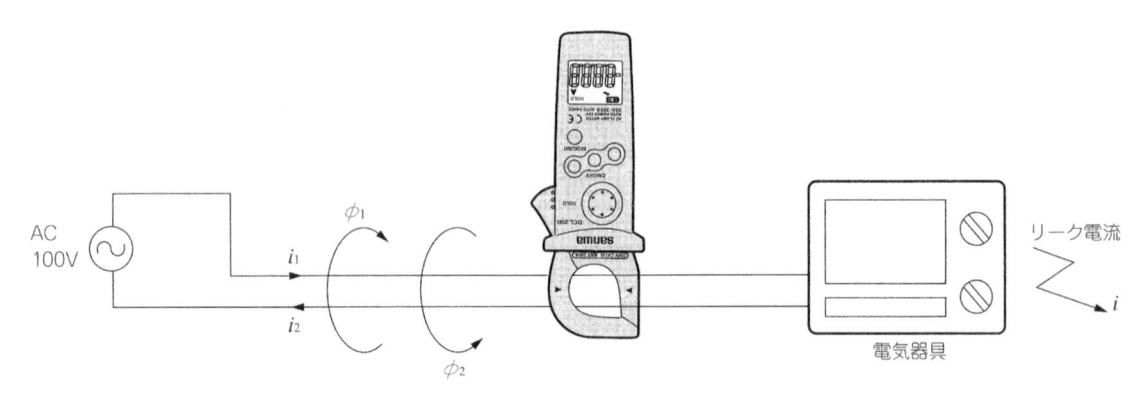

図9.4 コードの電流は測定できるか？

図9.4に示すように，このコードをクランプ・メータでクランプした場合を考えます．コンセントからの電流i_1は，コードを通って電気器具に流れ込み，再びコードを通ってi_2としてコンセントへ戻ってきます．

ここで，電流i_1とi_2は必ず等しくなります．もし等しくなければ，$i_1 - i_2 = i$相当の漏電（リーク電流）をしていることになります．

次に正常な場合，つまり$i_1 - i_2 = 0$の場合を考えます．i_1とi_2は，大きさが等しく互いに逆向きの電

流です．そのため，発生する磁界ϕ_1，ϕ_2も大きさが等しく逆向きになります．したがって，外部的に見ると，電流i_1，i_2によって生じる磁界はゼロ(0)になります．磁界が0ではクランプ・メータは動作せず，電流は測定できません．

このように，クランプ・メータの電流測定では，1本の導体をクランプすることが原則です．

コードの電流を測定する際には，ライン・セパレータ(ライン・スプリッタ)というアダプタを使用して測定します(図9.5)．

ライン・セパレータは，コンセントと電気器具のコードとの間に介在し，電路を二つに分離させる働きを持っています．この分離した一方の電路を，クランプ・メータでクランプすれば，コードの電流測定が可能になります．

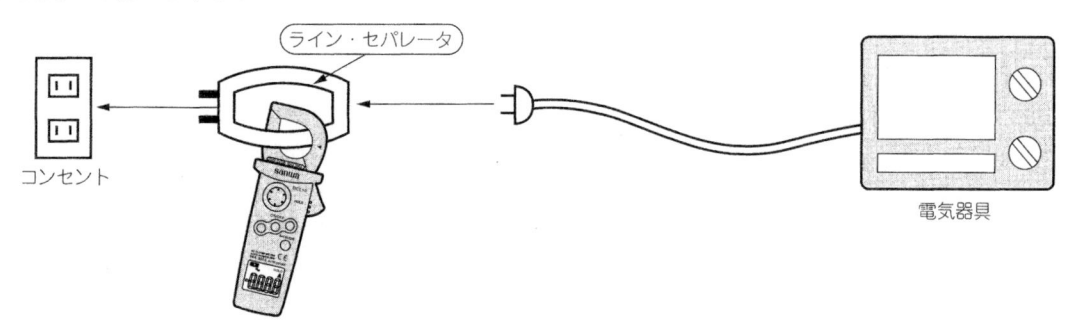

図9.5 ライン・セパレータを利用した電流測定

(7) リーク電流の測定

リーク電流(漏電)をチェックするには，mA級の高感度のクランプ・メータを使用します．

図9.4で，$i_1 - i_2$つまり$i = 0$であれば正常，$i > 0$であればリーク(漏電)していることを説明しました．この場合，電気器具は絶縁不良状態になっており，金属部に触れると感電します．

$i > 0$の場合，この電流によってコードの周囲には微弱な磁界が発生します．この磁界を高感度のクランプ・メータ(100mA以下のレンジを持つもの)で検知すれば，リーク電流を測定したことになります．

リーク電流の測定方法の例を，図9.6に示します．

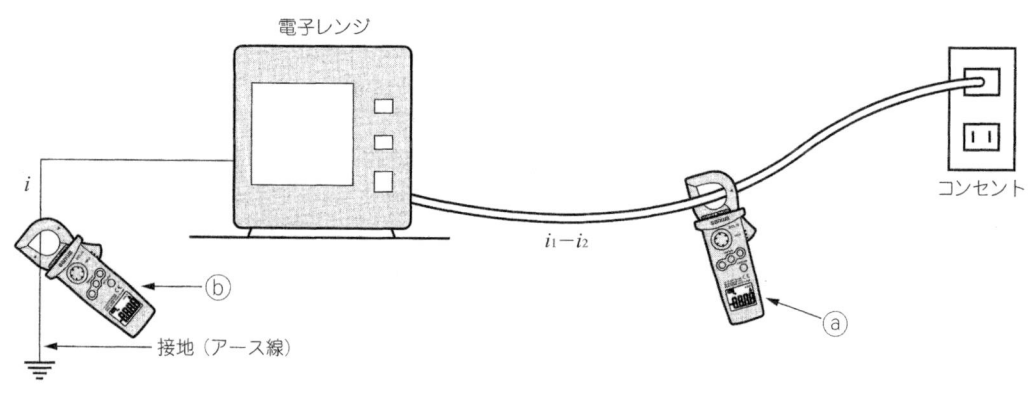

図9.6 リーク電流の測定

ⓐの測定はコード部分で$i_1 - i_2$を，ⓑは接地線に流れる電流iをそれぞれ測定します．通常，ⓐの指示とⓑの指示は一致します．

家電機器では，電子レンジなど一部の機器を除き，ほとんどが接地されていないのが実状です．この場合，絶縁不良でも，リーク電流iが流れないため$i = 0$となり，クランプ・メータによる絶縁状態のチェックはできません．

絶縁状態のチェックは，後述する絶縁抵抗計で行うのが一般的です．

(8) クランプ・メータ使用上の注意
 (a) 電流は複数導体のうち，一本をクランプして測定するのが原則．
 (b) 鉄心の先端部は完全に閉じて測定する．ゴミなどで，わずかなすき間を生じても測定誤差を生じる．
 (c) 導体の位置により指示値が変動することがあるため，導体は鉄心空間の中央にクランプする．
 (d) 真の実効値指示型以外のクランプ・メータで交流電流を測定する場合，正弦波以外では指示誤差を生じる．正弦波交流をサイリスタで位相制御した交流も同様である．
 (e) 交流専用のクランプ・メータでは，周波数範囲が50〜60Hzのものが多くなっている．直流・交流兼用型でも，1kHz程度の電流が測定対象．
 (f) 使用しているレンジの電流値より，大きな電流が流れている導体が周囲にあったり，強い磁界がある場所などでは，その影響で測定誤差を生じることがある．
 (g) 直流・交流兼用型で，直流レンジを使用する場合，測定する前に0調整(0 ADJ)が必要である．また，測定する電流の方向と，鉄心に表示してある電流方向指示マークを一致させて測定することが重要である．

(9) 安全上の注意
 (a) クランプ・メータは，ほとんどが低電圧回路用である．600V以上の電路での使用は危険．
 (b) 強電回路での測定は危険をともなうため，測定経験者の指導のもとに行うこと．

● 絶縁抵抗計

絶縁抵抗計は，電気機器や屋内配線など，電気設備の絶縁抵抗を測定する測定器です．一般的にメガーと呼ばれています．電気設備の絶縁状態が悪いと，感電や漏電などの原因となり，大変危険です．

この絶縁抵抗については『電気設備に関する技術基準』があり，次のように規定されています．

「対地電圧150V以下の電気設備(一般には100Vの設備)においては0.1MΩ以上，同150Vを超え300Vまでの電気設備(一般には200Vの設備)では0.2MΩ以上，同300Vを超す電気設備では0.4MΩ以上の絶縁抵抗がなければならない」

このように，MΩ単位の高抵抗を測定する絶縁抵抗計は，100V以上の直流高電圧を使用します．

絶縁抵抗計の一例を，**写真**9.4に示します(三和電気 DG9)．この絶縁抵抗計では，数ボルトの電池電圧をDC-DCコンバータで125Vに昇圧し，それを直流電圧として使用しています．測定範囲は，0.01〜400MΩです．

絶縁抵抗計では，測定する前に内蔵電池電圧と0MΩの指示(表示)をチェックします．ただし，**写真9.4**に示す絶縁抵抗計は，特殊な回路を採用しており，0MΩ調整の必要はありません．また，強電回路の測定や工事は資格がなければ行えませんが，家庭用電気器具の簡単な故障の修理であれば，資格

がなくても行えます．

　普通のテスタの抵抗レンジでも，10MΩ程度までなら測定できます．しかし，測定電圧が低いため，1MΩ以上の抵抗があっても安心できません．必ず絶縁抵抗計を使った測定が必要です．通電中の機器や器具の絶縁抵抗測定は，一般のテスタによる抵抗測定と同様には行えません．

　ノイズ・フィルタやIC，LSIを使用した機器の絶縁抵抗測定で，定格電圧の高い絶縁抵抗計を使用すると，それらの部品が高電圧で故障することがあります．絶縁抵抗測定では，測定する機器や回路の耐電圧に応じた，定格電圧の絶縁抵抗計で測定します．

● 接地抵抗計（アース・テスタ）

　接地抵抗計は，「電気設備に関する技術基準」で定められた，主に第A種～第D種までの接地抵抗（アース抵抗）の測定を目的とした測定器です（**写真9.5**）．

　配電用変圧器（柱上トランスもその一つ）の2次巻線（低電圧側）に施した接地を，第B種接地といいます．その接地抵抗は，電路の条件による特別な計算式で求められた値を基準にしています．

　工場や家庭で使用する，低電圧用機器の外枠にほどこす接地は，主に第D種接地で，規格は100Ω以下です．

　接地は，事故で高圧配電線の電圧が低電圧側に流れ込んだ場合や，機器の絶縁不良でその外箱に回路電圧が漏電した際の人身事故，機器の損傷防止などを目的として行われます．ここで説明した接地は，通信機器などの接地（アース）とは目的が異なるので注意してください．

　接地抵抗も電解液と同様に，成極作用の影響を避けるため交流電圧を使用して測定します．また，接地抵抗は，大地に設備した接地電極とその大地間の抵抗という特殊な抵抗であるため，金属棒の補助電極2本を使用して3電極法で測定します．

　大地に二つの接地棒を挿入し，各接地棒をEおよびCとします．E-C間に交流電圧を加えて電流を流し，E-C間に発生した電圧により接地抵抗を測定します．

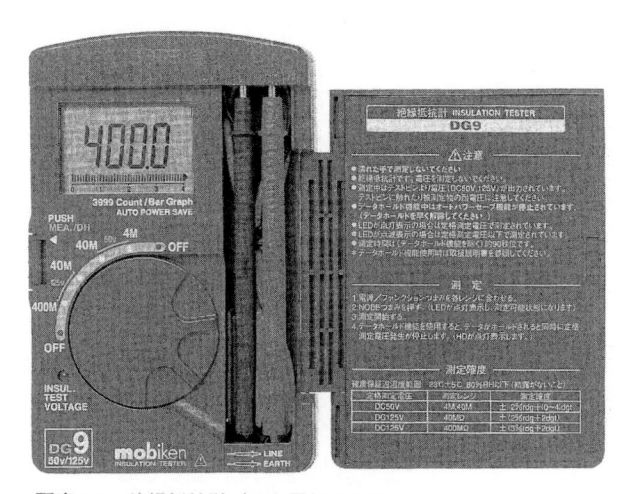

写真9.4　絶縁抵抗計（三和電気 DG9）

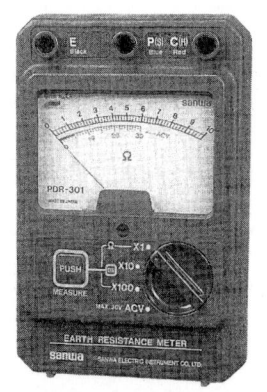

写真9.5　接地抵抗計（三和電気 PDR-301）

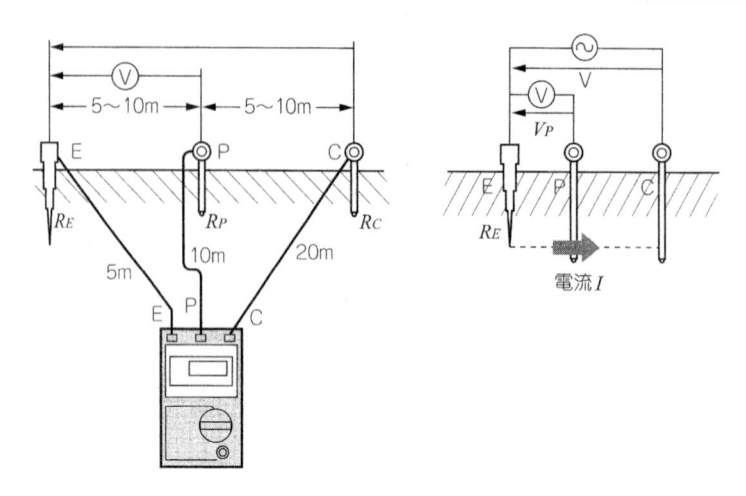

図9.7　接地抵抗の測定

　E-C間の電流と電圧Vの関係は，**図9.7**に示すとおりで，ここから接地抵抗を求められます．

　ただし，上記で求めた接地抵抗Rの値には，接地極Eの接地抵抗だけでなく，接地極Cの接地抵抗も含まれてしまいます．そこで，E-Cの接地抵抗間に3番目の接地極Pを設けることで，E-P間の電圧V_pと電流から，接地極だけの接地抵抗R_Eの値を求めることができます．

　最近では，被測定回路インピーダンスの並列共振現象を利用して，接地抵抗を測定するタイプも発売されています．

索 引

■数字・記号

10進数	49
19999カウント	53
1999カウント	53
2進数	49
2進化10進数	50
3200カウント	53
3999カウント	53
Ω/V	18
(−)COM	38

■アルファベット

A-D変換	43
ACアダプタ	71
Adjuster	38
AUTOレンジ	57
BATT	39
BATT・CHECK	114
BATT・TEST	114
BCD	50
BUZZ	39
BUZZレンジ	88
CdS	96
CSV形式	129
dB	40, 106
deci Bell	40
dgt	55
DH	59
DMM	42
FET	98
Ni-Cd電池	113
fs	55
HV	39
IPアドレス	135
Javaアプレット	135
JIS C 1102	16
JIS C 1202	16
KB-LAN	134
LED	94
Lo Ω	59
MANレンジ	57
OPアンプ	43
OUTPUT	39
PC Link	128
POL	39
rdg	55
REL	59
REL機能	72
RNG	55
RS-232-C用接続ケーブル	129
SCR	94
T-300PC	136
TEMP	39
True RMS	59, 64
USB用接続ケーブル	129

■あ行

アース・クリップ	110
アース・テスタ	149
アース電位	81
アッテネータ	61
アノード電流	95
アルカリ・マンガン乾電池	113
インサーキット測定	59

151

インダクタンス	100
インピーダンス	100
インポート	139
ウォーム・アップ	70
受石	15
永久磁石	14
エクスポート	129
遠隔監視	130
演算増幅器	43
応答時間	58
オート・パワー・オフ	59
オート・レンジ式	53
オーム・パー・ボルト	18
温度	20
温度検知部	112
温度センサ	136
温度の測定	112
温度表示部	112
温度プローブ	27, 136

■か行

ガード・リング	110
外磁型	14
回転トルク	12
回路計	20
カウンタ	50
確度保証温度・湿度範囲	58
確度保証期間	58
カソード・マーク	93
可動コイル	15
可動コイル型	11
可動コイル型メータ	11
可動鉄片型	11
可動鉄片電圧計	32
過負荷	121
カラー・コード	24
感度	141
疑似LAN	136
基準インピーダンス	108

強電用テスタ	142
極性表示	56
許容差	20
クーロンの法則	9
クランプオン電流計	143
クランプオン・プローブ	80
クランプオン・メータ	143
クランプ・メータ	143
クリップ・アダプタ	26
クレスト・ファクタ	120
クロック・パルス	48
ゲート	98
減衰器	61
高圧配電線	123
高圧プローブ	27, 110
高抵抗回路	83
高抵抗測定	66
光導電セルの良否	96
交流大電流レンジ付きテスタ	80
交流電圧	20
交流電圧計	32
交流電流	20
交流用クランプ・メータ	144
コモン・モード除去比	48
コレクタ	16
コレクタ電流	77
コンデンサ接続端子	106
コンデンサの良否	99
コンパレータ	45
コンパレータ機能	138

■さ行

サーミスタ	91
サーミスタ温度計	112
サーミスタの良否	96
最小目盛値	16
最大値	33, 34
最大表示数	53
最大目盛値	16

最適レンジ 76
差動増幅回路 126
酸化銀電池 113
三角波 120
サンプリング 139
サンプリング周期 58
サンプル・レート 58
シールド線 66
磁界 10
シグナル・インジェクタ 20
視誤差 73
指示計 22
指示誤差 86
指針 16
指針止め 16
実効値 .... 33，34，86，120
磁電変換素子 126
自動送信 138
シャント 28
シャント抵抗 79
周波数 67
周波数特性 86
充放電 67
ジュール熱 80
瞬間値 33
純抵抗 100
小数点 62
商用電源 67
シリコン整流制御素子の良否 94
磁力線 10
人体の抵抗 88
真の実効値 59
スイッチの接触不良 142
スケール 12
スケール板 16
ストッパ 16
成極作用 124
制御バネ 15
正弦波 120
正弦波交流 34

静電型 11
静電容量 .... 20，104
静電容量の測定 105
整流回路 64
整流器型 11
整流器型電圧計 33
整流器型電流計 79
整流能率 90
積分回路 45
絶縁抵抗計 148
絶縁破壊 90
接合型FET 98
接地抵抗計 149
零位調整 72
零位調整器 16
零位調整ネジ 72
零オーム調整 87
全波整流回路 119
総合利得 106
相対値測定 59
ソース 98
測定端子 26
測定範囲 20
測定レンジ 20

■た行
ダイオード・チェック 55
ダイオードの良否 93
対地電圧 123
単相2線式配電 123
調整器 38
直流・交流兼用型クランプ・メータ ... 144
直流阻止用コンデンサ 110
直流抵抗 .... 20，100
直流電圧 20
直流電圧計 30
直流電流 20
直流電流計 28
抵抗器 24

抵抗器の色表示 24
抵抗計 36, 87
抵抗測定スケール 87
ディジタル・カウンタ 48
ディジタル・マルチメータ 42
低周波出力 20, 106
低抵抗回路 84
定電圧ダイオード 126
データ・ホールド 59
データ・レコーダ 128
データ・ロガー 128
デコード 50
デシベル 40, 106
デシマル・ポイント 62
テスタの故障 141
テスト棒 26
テスト・リード 26, 73
デルタ-シグマ変調器 48
デルタ-シグマ方式 46
電圧降下 82
電圧降下法 103
電圧の有無 140
電位差 82
電界効果トランジスタの良否 98
電磁石 10
テンション・スプリング 15
電磁力 10
電池寿命 59
電流感度 17
電流増幅率 20
電流測定用クランプオン・プローブ 27
電流力型テスタ 10
電流力計型 11
導通試験 90
導通テスト 55, 87
導通の有無 140
トート・バンド式 13, 15
トランジスタの良否 96
トランス 79
ドレイン 98

■な行
内磁型 14
内蔵電池消耗表示 56
内部抵抗 18, 58
二重積分方式 46
入力インピーダンス 58
入力オーバ表示 56
熱電対 68

■は行
倍数 29
配電用変圧器 149
倍率器 30, 110
倍率器の拡大率 31
波形率 86, 121
波高率 64
発光現象 94
発光ダイオードの良否 94
バッテリ・チェック 20
バッテリ・チェック・レンジ 114
バランス・ウェイト 16
パルス 120
パルス電圧 121
反転増幅回路 44
半導体素子 91
バンド式メータ 15
半波整流回路 64
ピーク値 120
比較器 45
ビニール・コード 122
非反転増幅回路 44
ピボット 15
ピボット式 13
ピボット式メータ 15
ヒューズ 25
標準抵抗器 70
標準電流/電圧発生器 70
平等目盛 12
フィードバック回路 45

負荷電圧 20
負荷電流 20
不平等目盛 12
フライバック・トランス 111
ブラウン管 111
フルスケール 17
振れ角 22
フレミングの左手の法則 10
フローティング入力 58
分圧器 61
分解能 58
分流器 .... 28，63
分流器の拡大率 29
閉回路 117
平滑回路 117
平均値 .... 33，34，120
ポインタ 16
方形波 120
ポート設定 139
ホール素子 126
保護回路 68
補助単位 29
ボス 15
ボス・ストッパ 16
ボルテージ・フォロワ回路 126

■ま行
マグネット 14
マニュアル・レンジ式 53
マルチプライヤ 30
マンガン乾電池 113
脈流の平均値 118
無人監視 130
メータ 22
メータの階級 17
メータの断線 142
メータ保護回路 25
メータ保護素子のショート 142
目盛 12

メモリ機能 139

■や行
誘導型 11
ヨーク 14
読み取り誤差 73

■ら行
ライン・スプリッタ 147
ライン・セパレータ 147
リアクタンス 100
リーク電流 147
リニアライズ機能 137
リプル含有率 117
良否の判定 92
リラティブ測定 59
理論誤差 78
レンジ・ホールド .... 53，59
漏電 147
ロータリ・スイッチ 22
ローパワー・オーム 59
ローパワー・オーム・レンジ 116
ロギング 133

■わ行
ワニぐちクリップ 26

本書は印刷物からスキャナによる読み取りを行い印刷しました．諸々の事情により装丁が異なり，印刷が必ずしも明瞭でなかったり，左右頁にズレが生じていることがあります．また，一般書籍最終版を概ねそのまま再現していることから，記載事項や文章に現代とは異なる表現が含まれている場合があります．事情ご賢察のうえ，ご了承くださいますようお願い申し上げます．

■モアレについて ── モアレは，印刷物をスキャニングした場合に多く発生する斑紋です．印刷物はすでに網点パターン（ハーフトーンパターン）によって分解されておりますが，その印刷物に，明るい領域と暗い領域を網点パターンに変換するしくみのスキャニングを施すことで，双方の網点パターンが重なってしまい干渉し合うために発生する現象です．本書にはこのモアレ現象が散見されますが，諸々の事情で解消することができません．ご理解とご了承をいただきますようお願い申し上げます．

● 本書記載の社名，製品名について ── 本書に記載されている社名および製品名は，一般に開発メーカーの登録商標または商標です．なお，本文中では™，®，©の各表示を明記していません．
● 本書掲載記事の利用についてのご注意 ── 本書掲載記事は著作権法により保護され，また産業財産権が確立されている場合があります．したがって，記事として掲載された技術情報をもとに製品化をするには，著作権者および産業財産権者の許可が必要です．また，掲載された技術情報を利用することにより発生した損害などに関して，CQ出版社および著作権者ならびに産業財産権者は責任を負いかねますのでご了承ください．
● 本書に関するご質問について ── 文章，数式などの記述上の不明点についてのご質問は，必ず往復はがきか返信用封筒を同封した封書でお願いいたします．ご質問は著者に回送し直接回答していただきますので，多少時間がかかります．また，本書の記載範囲を越えるご質問には応じられませんので，ご了承ください．
● 本書の複製等について ── 本書のコピー，スキャン，デジタル化等の無断複製は著作権法上での例外を除き禁じられています．本書を代行業者等の第三者に依頼してスキャンやデジタル化することは，たとえ個人や家庭内の利用でも認められておりません．

JCOPY〈（社）出版者著作権管理機構委託出版物〉
本書の全部または一部を無断で複写複製（コピー）することは，著作権法上での例外を除き，禁じられています．本書からの複製を希望される場合は，（社）出版者著作権管理機構（TEL：03-3513-6969）にご連絡ください．

改訂新版 テスタとディジタル・マルチメータの使い方

2006年1月1日 初版発行　　　　　　　　　　　　　　　　　© 金沢敏保／藤原章雄 2006
2017年4月1日 オンデマンド版発行　　　　　　　　　　　　　　（無断転載を禁じます）

著　者　　金沢　敏保
　　　　　藤原　章雄
発行人　　寺前　裕司
発行所　　CQ出版株式会社
〒112-8619　東京都文京区千石 4-29-14
電話　編集　03-5395-2123
　　　販売　03-5395-2141
振替　　　　00100-7-10665

乱丁・落丁本はご面倒でも小社宛にお送りください．
送料小社負担にてお取り替えいたします．
本体価格は裏表紙に表示してあります．

ISBN978-4-7898-5246-3

印刷・製本　大日本印刷株式会社
Printed in Japan